2023年度山东标准化协会学术论文集

山东标准化协会　组织编写

中国建材工业出版社

北京

图书在版编目(CIP)数据

2023年度山东标准化协会学术论文集/山东标准化协会组织编写. --北京：中国建材工业出版社，2023.12

ISBN 978-7-5160-3855-0

Ⅰ.①2… Ⅱ.①山… Ⅲ.①标准化管理－山东－2023－学术会议－文集 Ⅳ.①G307-53

中国国家版本馆CIP数据核字（2023）第203087号

2023年度山东标准化协会学术论文集
2023 NIANDU SHANDONG BIAOZHUNHUA XIEHUI XUESHU LUNWENJI
山东标准化协会 组织编写

出版发行：中国建材工业出版社
地　　址：北京市海淀区三里河路11号
邮　　编：100831
经　　销：全国各地新华书店
印　　刷：北京雁林吉兆印刷有限公司
开　　本：889mm×1194mm　1/16
印　　张：7
字　　数：210千字
版　　次：2023年12月第1版
印　　次：2023年12月第1次
定　　价：98.00元

本社网址：www.jccbs.com，微信公众号：zgjcgycbs
请选用正版图书，采购、销售盗版图书属违法行为
版权专有，盗版必究。本社法律顾问：北京天驰君泰律师事务所，张杰律师
举报信箱：zhangjie@tiantailaw.com　举报电话：(010)57811389
本书如有印装质量问题，由我社市场营销部负责调换，联系电话：(010)57811387

编 委 会

主　任：陈　浩

副主任：赵中涛　马　蕊　张　璐　杨赛青　陈祥伟

委　员：王娇娇　李　瑾　葛春平　秦　雯　邹　妍
　　　　李　琰　刁明明　王明昊　蔡云霄　颜晓丹
　　　　马　帅　庄梦溪

前　言

　　标准是经济活动和社会发展的技术支撑，是国家基础性制度的重要方面。近年来为适应经济社会的发展，标准化工作以习近平新时代中国特色社会主义思想为指导，深入贯彻党的二十大精神，按照统筹推进"五位一体"总体布局和协调推进"四个全面"战略布局要求，立足新发展阶段、贯彻新发展理念、构建新发展格局，优化标准化治理结构，加快构建推动高质量发展的标准体系建设。在不断深化标准化工作改革中，从《中华人民共和国标准化法》，到《地方标准管理办法》《关于进一步加强行业标准管理的指导意见》《强制性国家标准管理办法》等一系列相关政策法规的出台；从传统的标准化工作，到涵盖人工智能、量子信息、生物技术等新技术领域和以"一带一路"为典型的"中国标准走出去"等创新发展，标准化充分发挥了其基础性、引领性的作用。2021年10月，中共中央、国务院印发了《国家标准化发展纲要》，又提出了推动标准化事业适应经济社会全域发展的一系列举措；尤其提出到2025年实现标准供给、运用和标准化工作、发展的四个转变的目标，形成标准、计量、认证认可、检验检测一体化运行的国家质量基础设施体系，到2035年全面形成由市场驱动、政府引导、企业为主、社会参与、开放融合的标准化工作格局。这些宏伟目标的实现，需要我们广大标准化工作组织和工作者的不懈努力与奋斗。山东标准化协会为大力推动标准化纲要的贯彻实施，助推山东省标准化事业的发展，结合当前全省标准化工作的实际组织开展了2023年度标准化学术论文的征集工作。

　　本年度论文征集主要面向全省的标准化工作者，旨在分享政策信息，研讨理论方法，发表实践见解，展示我省标准化工作者的研究成果，交流标准化工作经验，启迪创新思维，激发创新观点。本论文集共收录论文23篇，所收录的论文都紧紧围绕"实施标准化发展纲要，推动高质量发展"为主题，涉及多领域多行业，站位高，立意新，实践性、学术性强。有的从大宗商品信息服务业的体系建设展开论述，介绍大宗商品信息服务业的体系建设目标及建设思路，分析体系建设的重点、难点，提出有效改进措施；有的从山东省食品生产企业的食品添加剂使用现状和问题出发，通过剖析食品添加剂类原料在产品设计、入厂验收、过程使用、出厂验证的全链条控制流程，进一步论证保障食品添加剂安全性和有效性，进而实现消费者舌尖上的食品安全；有的通过分析我国企业知识产权标准化建设的现状，深刻阐述了知识产权标准化体系建设及高价值专利培育的理论方法与具体实践，提出建立以高价值专利为核心的企业专利战略，保障高价值专利的创造和运用，从而促进企业高质量、可持续发展等。

　　这些论文真实地反映了我省标准化工作在引领质量发展，助力科技创新，推动乡村振兴、海洋强省、新旧动能转换、社会公共服务等方面的成果和经验，也反映了我省标准化工作者潜精积虑和开拓创新的精神。

在此感谢为山东标准化事业发展而不断开拓的工作者们，感谢积极参与本年度论文征集活动的同仁们，感谢长期以来关心、支持、帮助山东标准化协会发展的社会各界人士。

最后，欢迎对本年度论文集进行批评、指正，阅读后的意见和建议请发送到 sdas9083@126.com 进行沟通交流。

山东标准化协会

2023 年 11 月

目 录

大宗商品信息服务业体系建设初步构思 …………………………………… 陈洁琼 李金忠（1）

标准化在助推传统产业提档升级中的作用 ………………………………………… 姜卫成（4）

复合调味料企业食品添加剂的使用和存在的问题 …………………………………… 刘民婕（8）

凯氏定氮法测定大豆蛋白质溶解比率的不确定度分析
……………………………………… 任凌云 杨琳琳 江媛媛 董 斌 刘文哲（16）

浅谈制造业企业知识产权管理标准化 ………………… 王忠成 马岩巍 杨玉梅 刘雪峰（24）

润滑油抗乳化性试验影响因素探讨 ………………… 范士光 袁长春 刘珍珍 周玉叶 巩莉萍（29）

地勘单位办公楼消防安全管理对策研究 …………………………………… 张 扬 张永利（32）

实施农业标准化 提升农产品质量水平 ……………………… 石广革 张文亚 李鲁盼（36）

标准化体系建设 ……………………………… 赵玉峰 高振芳 张 莹 房 健 马 庆（40）

企业知识产权标准化建设及高价值专利培育 ……………………………………… 杨 恒（45）

浅谈如何运用高标准引领建筑质量高效发展 ………………………… 李桂杰 刘雪峰（49）

化工产业园区水环境监管系统标准化建设与实践
——以宁阳化工产业园区为例 ………………… 田小蒙 罗士贞 吕 静 杜肖肖（52）

团体标准在饲料行业高质量发展中如何更好发挥作用之我见
……………………………… 李俊玲 王英英 李 晴 李 斌 刘 婕 吴立国（59）

企业标准"领跑者"制度实施助推高质量发展 ………………………… 王安冉 顾祖南（62）

浅谈团体标准的研究现状及发展 …………………………………… 顾祖南 王安冉（65）

纺织品检验检测体系现状及对策分析 ………………… 张洪梅 季王滨 陈 亮 黄 龙 陆 尧（68）

高性能云计算科技创新领域标准化工作进展研究 …………………………………… 张 敏（72）

浅谈安全生产标准化在现场管理中的落实 ………………………… 卜洪涛 李晓宁（77）

浅谈客运索道企业安全生产标准化建设对服务质量提升的实际应用
……………………………………………………………………… 赵 谦 李芸珠（80）

标准化助力企业提质增效 ……………………………… 陈 磊 马 蕊 郎晓黎（85）

标准化在粮油行业食品安全分级管控和风险辨识中的应用
……………………………… 申 锋 卢伟东 徐颖然 郭修海 李 超（89）

浅析净含量智能化管控技术在包装油生产中的应用
——以中粮黄海包装厂为例 ………………… 卢伟东 郭修海 李 超 申 锋 王永胜（94）

生态纺织品检测问题及对策 ………………………………… 李 慧 徐蕾蕾 狄 敏（98）

大宗商品信息服务业体系建设初步构思

陈洁琼　李金忠

（山东卓创资讯股份有限公司）

摘　要　想要保障行业可持续、长久良性发展，就需要引进先进的标准化理念，通过标准化活动，制定出相应的产品规范、服务规程等标准，并按照这些标准实施，可以指导各个环节高效、高质地提升产品质量、服务质量和管理质量，让每一个输入与输出环节都有据可依，在监管体系下实行奖惩制度，从而解决大宗商品信息服务业存在的生产与服务质量等方面的问题。

关键词　标准体系　协调性　适用性　持续改进

1　大宗商品信息服务业体系建设的背景

生产力的提升与社会的进步，使服务业在全球快速成长和扩大。随着我国经济体制的不断变化，人们对于新兴行业的质量与服务要求逐步提升，而作为新兴行业且与大宗商品市场有着紧密联系的大宗商品信息服务业受到重视。如何才能为市场提供更加优质、可靠、连续的信息服务，行业准入门槛如何界定、服务与产品质量谁来监管，监管依据由何而来，行业良性运行的规范如何制定，行业如何保持可持续发展的状态，这些问题都阻碍了大宗商品信息服务业的有序发展和前进的脚步。加之大宗商品交易市场对产品质量以及服务等环节提出了更高、更全面、更细致的要求，使大宗商品信息服务业被迫进行不断的创新，以提升自身产品服务的等级，而如何界定这些产品的合格性与定价是否合规，也给行业带来了更多不可避免的问题。

综合上述这些问题，要保障行业可持续、长久良性发展，就需要引进先进的标准化理念，通过标准化活动，制定出相应的产品规范、服务规程等标准，并按照这些标准实施，指导各个环节高效、高质地提升产品质量、服务质量和管理质量，让每一个输入与输出环节都有据可依，在监管体系下实行奖惩制度，从而解决大宗商品信息服务业存在的生产与服务质量等方面的问题。

2　大宗商品信息服务业体系建设的目标

对新兴行业特别是大宗商品信息服务业来说，进行体系建设对行业稳步、可持续地发展有一定的引领作用，将发展中出现的诸多问题逐一解决，同时不断优化行业管理标准，督促行业不断提升和完善产品质量。如通过行业标准体系引领、完善市场准入制度，剔除不合格或者不合规的企业，并鼓励有资质的企业进入市场经营，达到优化资源配置的目的，从而使整个行业形成良好、有序、健康的发展与竞争环境；同时实现行业服务质量的监督与保障，促使行业中企业生产出合格或优质的服务产品，使服务行为有章可依，最终保障消费者的权益，更好地助力国民经济稳定发展。此外，通过建设标准体系，避免潜在问题的发生。

3　大宗商品信息服务业标准体系建设的思路

大宗商品信息服务业体系的建设既要使其系统、全面、科学地为行业服务，又要不脱离交易市场，符合市场发展规律。在标准体系搭建时，除考虑完整、统一、系统、时效性外，在设置时还要考虑可分解性。随着市场发展或者其他外因影响，标准的对象、目标、内容会产生变化，这就要求对标准进行优化升级或者改进，其中就包括修改、修订、废止等操作。

服务业标准体系通常由通用基础、服务保障、服务提供三大子体系构成。在建设大宗商品信息服务业标准体系前，要明确的是这个行业输出的最终是服务，支撑点是信息产品。当明确了行业产出关键产物是信息和服务时，就要考虑信息和服务由谁提供，如何提供？用倒推的方式，通过对各输出环节、各环节的人和事的考核依据，便可以得到一个遗漏率低的生产规程，再将规程中的每个小流程进行梳理，思考每个小流程中各环节的输入与输出的资料或者产品的质量要求，根据大宗商品信息服务业标准体系，从每个子体系的设置角度出发，考虑如何从子体系的发展闭环中，做到逐个环节设立生产与服务标准、监管及奖惩依据，从而梳理出简单、便捷、安全、完善的闭环工作规程。

通用基础标准体系的建立和实施，除了要紧密围绕可实现的企业总方针、总目标，还要遵循国家相关的标准化法律法规，以及有关企业生产、经营、管理和服务的强制性标准的规定，应在各种相关国际标准、国家法律和法规、地方和行业标准的指导下形成。

服务保障标准体系是由内部联系形成的系统、科学的有机整体。它将标准化贯穿于行业的准入门槛、监督管理、产品与服务质量管理、岗位要求、客户满意度等方面，是提高市场竞争力的有力手段，以优化行业管理和经济效益为目的，并将通过对标准体系的设计和标准化管理提高企业自身在行业内的话语权，挖掘企业的技术创新能力，通过制定先进的产品体系和技术标准，获取更多知识产权带来的经济红利。

服务提供标准体系是需要结合行业的市场特点和客户需求，使标准体系中的服务规程类以闭环的形式出现，最终形成可持续、不断优化，且与市场变化、客户需求融合性较高的、相辅相成的标准化体系。

此外，大宗商品信息服务业属于人员密集型企业，又因为其行业特殊性，岗位设置较多，尤其生产部门的岗位差异化较大，故需要将岗位标准独立成一个子体系，以更好、更全面地设定成系统、科学、可持续发展的行业标准体系。

4　大宗商品信息服务业体系建设的重点

4.1　大宗商品信息服务业体系建设的系统性

以人与平台为例，如果仅在人的权责中明确系列标准，而忽略平台运转的标准体系，甚至忽略人与平台如何有效结合的问题，那么搭建出来的标准体系既不完善又无可循环性，始终是独自运行的，不会产生相互作用，长此以往很多问题将被忽略，最终的结果也不会太理想。因此，在搭建大宗商品信息服务业体系时，首先是把人、事、物的各个环节以及衔接的标准做好分类梳理，将其一一对应到相关的标准体系中，并将所有子体系做好相关链接与闭环的沟通反馈机制，以确保体系搭建的完整性以及未来运行的有效性，使构成标准体系的每个标准都不是独立的要素，标准之间的相互作用使体系构成一个完整的统一体，它需要多方的支持与融合，方可使整个体系良性地运转。

如果做到每个环节从输入到输出的产品属于高标准、高质量，而从人、事、物上着手将体系梳理的完善度与系统性都近乎完美，还要考虑执行与监管的方式方法的科学性，那么这套标准体系，才能有机、高效地像齿轮带动传送带一样在行业中运转起来，再通过不断地迭代和升级、优化，成为行业可持续发展的"永动机"。

4.2　大宗商品信息服务业体系建设的适用性

标准体系建设的适用性，就好比一个人在挑选衣服时，对衣服的外观、材质、做工等方面的"考虑",而如何能让一件衣服被客户选中并最终购买,就需要从外观设计、材质、做工到服务、售后等各环节去进行思考。产品质量、服务质量等标准或考核指标,其实就是一个体系建设需要考虑的适用性问题。不仅要考虑如何进行标准设计和标准制定,而且要配合监管的奖惩手段,使标准落地,才能真正达到体系建设的适用性。

为了确保标准得到有效的执行或实施,就需要实地调查了解,同时反复验证其在各个环节的真实使用情况,是否能在不打破已有正常生产流程的基础上,做到优化工作规程、简化工作步骤、提升生产效率与质量、降低损耗。行业中的每个企业都需要提高管理质量,让每一项工作都有据可依,有据可用,有专人监管、监管有奖惩,只有如此,标准体系才有存在的价值,才有推广的意义和力度。

5 结论

大宗商品信息服务行业存在诸多复杂的因素,而作为其从业人员和提供信息服务的企业,就需要格外注意客户的需求点、自身服务、产品与市场的贴合度。而这几点在标准体系搭建时可作为切入点,并以此进行案例研究和数据分析,将需求点、服务、产品等方面,从调研、生产再到销售的各个环节做好目标设定,从人、事、物,层层筛选、层层把关,互相影响与制约,同时要设定好日常监管和反馈环节的输出标准,从根本上提升产品质量与服务质量。此外,在标准体系的运行和搭建中,还需要合理利用资源,尤其在推广技术成果时,要注意产品的通用互换性;同时要符合操作者和使用者的要求、保持技术先进性与创新性、经济运行的合理性,最后要注意行业内标准之间的一致性、协调性和系统性。

做到上述的要求与规范,大宗商品信息服务业体系从建立到推广才能顺利进行,落地执行才更有力度,同时可促进行业良性发展,督促相关企业和专业人员不断学习和创新,为大宗商品信息服务业标准体系提供持续改进的源泉。

作者简介:

陈洁琼,女,汉族,党员,本科学历。从事大宗商品行业研究近三年,2015年转入研究大宗商品信息服务业标准化,曾参与卓创资讯国家级大宗商品信息服务业标准化试点项目建设工作。
李金忠,男,汉族,从事大宗商品行业研究二十余年,2014年起负责卓创资讯大宗商品信息服务业标准化工作,助力卓创资讯成为业内第一家通过国家级大宗商品信息服务业标准化试点项目评估的企业。

标准化在助推传统产业提档升级中的作用

姜卫成

（赤山集团有限公司）

摘　要　山东省是全国渔业大省，一些技术含量低、加工方法简单、与水产加工相关的传统产业，在改革开放之初为地方经济作出了重要贡献。随着技术的进步和市场需求的不断提高，传统产业又面临着新的抉择。在新的形势下，传统产业如何生存发展，如何运用标准打造产品优势？本文试图以点带面，探索传统产业的现状及新形势下的应对措施。

关键词　传统产业　贡献　水产品加工业　标准化现状　转型升级　新形势　对策

1　一些渔业传统产业现状

山东地理位置独特，东、北临海，造就了渔业大省的优势，渔业总产值始终在全国占据重要位置。改革开放以来，催生了许多海产食品加工厂以及附属的水产品加工设备企业，这些企业大部分是乡镇企业或民营企业，特点是劳动密集型、以制造加工为主，生产传统产品，技术含量低、操作简单，产品比较成熟，并且形成一定的生产规模。企业大进大出以数量取胜，存续了相当一段时间，并形成了一定覆盖面，在当地有一定的集聚度，企业分布较为密集，在地方经济发展中起到了重要作用。随着市场的细分、客户需求的不断提高及技术的不断进步，这些传统产业又面临新的市场抉择——产业转型、产品换代。

标准及标准化，在生产经营及服务中起到了重要作用。一些企业也认识到它的重要性，但是一接触到实质工作，他们又往往左右为难。时常听到一些企业管理者对标准及标准化有如下认识，"标准是高大上的东西，我们是传统产业，在新技术、新产业方面不占优势，一些相关的产业标准都已经出台好几年了，基本上涵盖了各个方面。再说现在在标准方面，只重视'专、精、特、新'产业的标准制定，传统产业要制定标准好像已经过时了"。

改革开放之初，乡镇企业如雨后春笋般成长壮大，一些企业是由"作坊式"发展起来的。企业产品没有统一的标准，即使有标准概念，也是很模糊的。只要市场有需求，企业就有产品。这种灵活的机制的确满足了市场需要，使企业取得了更多效益，有些传统产业一度成为地方的支柱产业。如水产加工业，一些沿海地区依托海洋资源优势，纷纷成立了水产品加工厂，企业性质绝大多数是乡镇企业、村办企业或个体经营企业。这些企业起点较低、技术含量低、市场要求较为简单，加工过程较为粗糙，一些相对应的标准也是粗线条的，停留在加工的初级阶段。资源的优势使这些企业对于标准并不重视，产品也更具有随意性。

改革开放四十多年以来，随着高新技术、新型经济、信息化和国际化的冲击，一些传统产业面临竞争加剧、产能落后、市场萎缩、产品竞争力下降等现实，一些企业在残酷的环境中被淘汰，而留下来的企业也较为艰难，面临着衰退。虽然传统产业在市场经济大军中日渐式微，贡献率也不如以往，但可以看到，传统产业在产业体系中仍有存续发展的空间，虽然发展历史和产业在区域内技术相对落后，但并非被市场淘汰的"夕阳产业"。一些在20世纪80年代初期制定的产业及行业的推荐性标准，内容还停留在制定初期，没有进行修订，有的基本上到了作废的地步。但正是由于产业的提升和技术的进步，使企业的产品标准具有更大的灵活性。一些水产加工业的产品为再生产品，根据客户的市场要求去做，标准对于他们并无约束。市场标准要求做的，就去做好；没有要求的，就自己做主。面对一些标准的缺失，一些企业没有想到去制定标准，拓展市场，而是奉行"拿来主义"。诚然，"有需求就有市场"，但如果标准落后于人，就完全处于被动，也就无怪乎市场之路越来越窄了。

2 转型升级，标准不可或缺

海洋水产品加工业类的传统产业之所以能够向前发展，更多依赖资源，处于以生产制造为主体的模式中，涉及的范围较广。至于技术，无非就是对产品进行简单加工后的初级产品，处在产业链条的中低端，呈现大而不强的发展态势。这类产品在一定程度上满足了民众的日常生活需要，也在市场上实现了自身的经济增长。在新的市场形势下，高附加值产业逐步取代了低附加值产业，集约型产业也取代了粗放型产业，资源依赖型的发展模式也开始向创新驱动型发展模式转变等，这些都成为新形势下企业的不二选择。

人类文明和社会的进步，标准和标准化在其中扮演了重要角色，在经济活动和社会发展中，它们也是不可或缺的技术支撑。特别是改革开放以来，科技革命和产业变革的蓬勃发展、全国统一大市场的加快发展，使标准化在经济战略中的意义日益显现。各级政府、各行业"标准化发展战略""标准化振兴纲要"纷纷出台，涵盖制造业、农业、服务业、新兴产业、社会公共服务业等各个领域，标准化试点、标准化示范基地等，使标准化事业得到前所未有的发展。

产业转型升级，技术进步无疑是关键因素。企业引进了先进技术和经验，还要去消化吸收，在实施过程中建立起标准体系，实现生产效率的提高。标准体系制定、实施的过程，也就是核心技术凝练、推广的过程。制定标准化发展战略、以标准引领创新、占领市场制高点已成为企业的共识。

在企业发展中，标准是核心竞争力，市场产品、市场活动的提供都离不开它。一个关键技术领域标准的提升，都可能为一个企业乃至整个行业带来广阔的市场空间，对产业技术改造和质量提升都具有重要影响。采购、加工、流通等工序间相互衔接的标准，又为整个产业链提供了"共同规则"，为市场准入签发了"通行证"。

产业转型升级应避免盲目性，在没有进行市场调研与市场论证的情况下，想当然地进行转型升级，在技术还不成熟的情况下匆忙上市，美其名曰"在学中做"，待到技术成熟了，却发现基本上是"赔钱赚吆喝"，起步晚的企业早已走在了自己前面，市场也已基本饱和。做好市场调研、了解市场、确定标准、对比及相关标准的梳理等工作，提前打好基础。

标准化创新的确为企业起到了"走在前、开新局"的作用，但是一些企业的标准体系还不够完善，重标准、用标准的氛围尚未形成，这就需要深入推动标准与生产的有效融合，重视先进标准的引领作用，制定或执行新的产品标准。再者为应对市场，要发挥专业团体和行业协会的作用，搭建技术服务平台，制定适合于企业的团体标准，以质量管控推动企业在各道工序、各环节之间的不断完善，加强指定标准的应用，熟悉市场规则，在市场上掌握更多的话语权。

3 转型的必备条件

传统产业的转型也要围绕创新化、集群化、服务化方面去做好工作。

改变旧的产品模式，围绕产品做进一步开发，把市场做细。比如水产食品加工，以前都是将水产鱼类简单加工冷冻就投入市场，后来一些企业把产品细分，将鱼进行切段加工后进超市，鱼内脏等冷冻给鱼粉厂，这只是在原来的基础上初级加工。要想走出旧有传统，就必须考察市场、引进技术，改变过去那种"什么都做，什么也做不专业"的"大而散"的局面，要向"专而精"方面发展。现在来看，一条普通的鱼，可以制成休闲即食产品，可以做成鱼油产品、鱼内脏可以制药、也可以提炼加工制成化妆品等。只要想创新，什么都可以尝试，关键是要有成熟的技术和标准，而不是一时的头脑发热。

集群化就是改变过去那种"单打独斗闯市场"的局面，通过企业间的联合及产业的集聚来规范市场、实行同质同价，抱团闯市场，发挥群体竞争优势，实现规模效应，以健全的产业链条和紧密的产品研发协作，通过信息、技术、设备、人员等方面的组合，促进技术创新能力的提升。通过打造一系列的行业标准、团体标准、企业通用标准来提升产品质量、拓展市场，融入统一大市场。威海石岛港是我国北方最大的渔港，也催生了周边许多的水产品加工企业，这些企业多是以冷冻加工水产品为主，近年来随着近海资源的枯竭，许多水产品加工企业纷纷转型远洋渔业产品。鲅鱼、鱿鱼、金枪鱼成为最具影响的"三条鱼"，并各自形成了产业链，涵盖海洋食品、海洋生物药品等规模化精深加工企业群体，带动周边一些传统企业的转型，形成了山东省最大的现代冷链物流基地，也打出了地方品牌。这些企业实行"同线同标同质"，不断向外扩张市场，形成了"买全球、卖全球"的市场格局。上中下游衔接配套、前沿与资源对接、后端与生物高端接洽的全产业链，提升了传统水产品加工及功能食品研发及废弃物高值化研发、海洋医用食品、保健品等多个环节。

标准的制定、实施的过程，可以说就是技术成果凝练、推广的过程，制定的标准在市场上得到认同，企业就有市场发言权，获得较高的市场占有率和经济效益，在竞争中处于主动地位。通过统一标准促进产品在更大范围内流通，占领更大市场。传统产业在标准创新方面，要因地制宜，围绕产品制定适合企业的标准，同时加强与同行业交流，取长补短，培育自己的市场品牌，才能更好地适应市场。

对于传统产业而言，一个关键领域标准的提升，都会对企业和产业的技术改造、质量提升产生重要影响，甚至可能带来整个行业的重新"洗牌"。通过标准的实施，带来更加广阔的市场空间，通过标准化的实施，促进技术优势转化为标准优势、产业优势，为企业的发展提供内生动力。

服务化就是把制造业与服务业相融合，以客户需要为中心，从产品制造到产品服务提供，实行标准化程序，做好产品售前、售中、售后服务，通过专业网站、网络平台等做好产品跟踪及服务，集产品制造与产品服务于一身，实现产品附加值的提升。

一直以来，传统产业技术相对简单，创新发展能力不足。在新形势下，提高劳动生产率，实行比较优势下的动态转换，促进产业和产品技术含量附加值的提升，根据市场的变化调整其结构，向创新型发展。

在传统产业转型升级上，笔者认为应做好以下几个方面：

一是从思想上重视，改变陈旧观念。对传统产业进行创新，无疑是要冒险的，但如果不改革创新，企业终究会被时代所淘汰，直至逐步消亡。在发挥原有的资源优势基础上，利用信息技术改造存量资产，通过关键技术创新，提升传统产业的竞争力。

二是合理利用产品的"剩余价值"，打造一条全新的产业链。加强与专业团体、大专院校的技术合作，为传统产业创新升级、提质增效注入更多活力。改造提升传统产业，提高产业的附加价值，使其成为不同产业链价值分工的核心环节，积极对接先进的产业生产体系，开展产业竞争和合作，增强传统优势产业的竞争力。

三是要重视传统制造业的基础能力建设。信息技术对制造技术起到导向作用，将信息技术与制造技术互相融合，使传统制造业向高水平加工产业发展，充分利用现有产业基础，以及时的信息沟通有序承接先进国家和地区的产业转移，形成特色制造业及产品综合利用基地。

四是培育特色产业集群。根据企业自身实际和资源市场形势，培育符合企业发展的优势特色产业集群，形成独具特色的产业转型升级，多业并举、多点支撑、多元发展，不断探索新经验、新做法，以标准化打造产业发展新格局。

五是加快创新平台的培育，建立企业的销售网络。以网络销售等新的模式适应新的形势，通过与多家线上销售平台实现对接，实行管理体制、商业模式创新，使线上业务成为企业经营的主流模式，为企业带来更广阔的发展空间。

作者简介：

姜卫成，企业标准化管理人员，1968年生，中专文化。2008年从事标准化工作，先后主持申报了市长质量奖、山东名牌、山东服务名牌、省级标准化试点、山东知名品牌材料十多项，参与行业标准、地方标准制定等三项，发表专业论文两篇。

复合调味料企业食品添加剂的使用和存在的问题

刘民婕

（山东天博食品配料有限公司）

摘　要　近年来，由于食品加工技术的提高，食物添加物质的使用日益普遍，但是由于食物添加物质的滥用、缺乏有效的监督、缺乏合格的标准，加之伪劣食品添加剂的出现，这些都对人们的健康带来了巨大的危害，也给调味料行业的可持续发展带来了巨大的挑战。作为调味品生产企业应加强食品安全管理人员队伍建设，积极贯彻落实国内外食品添加剂法律法规和标准要求，规范食品添加剂类原料在产品设计、入厂验收、过程使用、出厂验证的全程控制，强化风险评估和验证检测，确保食品添加剂在复合调味料中的应用符合国家的法律法规要求及出口国家或地区的产品标准和使用要求，积极接受社会监督和政府职能部门监管，最终实现消费者"舌尖上"的食品安全。

关键词　食品添加剂　食品安全　复合调味料

1　前言

近年来，随着我国食品工业的快速发展，终端消费者和食品加工企业、餐饮业对复合调味料产品的需求也逐渐增加，总体销量大幅增长，品项日益增多，食品添加剂在其中起到了积极的推动作用，食品添加剂的应用日益成为调味料行业发展的利器。随着食品添加剂的广泛应用，其质量优劣管理越来越成为影响食品安全的重要因素。对于复合调味料而言，其常用的食品添加剂有防腐剂、抗氧化剂、着色剂、酸度调节剂、甜味剂等[1]。

目前食品行业从业人员普遍素质偏低、部分企业诚信度较差，成为食品行业急需解决的问题。为实现消费者"舌尖上"真正的食品安全，建立高素质食品安全管理人员队伍，建立健全食品安全保证体系及监管体系，成为食品生产企业亟待解决的问题。针对食品添加剂的管理，必须熟练应用国内外法规标准实施的具体要求，规范食品添加剂类原料在产品设计、入厂验收、过程使用、出厂验证的全程控制，强化风险评估和验证检测，对不合格产品的控制更是要建立完整的追溯制度和召回要求。

2　复合调味品生产企业食品添加剂的使用和存在的问题

2.1　超范围使用食品添加剂

当人们摄入的食物添加剂用量超出《食品安全国家标准 食品添加剂使用标准》（GB 2760—2014）[2]的允许范围时，就构成了一种违反安全要求的行为。这种行为的危害不容忽视，因为它们的摄入量如果不加控制，就有可能导致人们的健康受到损害，特别是对于婴幼儿来说，它们的摄入量如果过量，就有可能导致佝偻病的发生。2019年9月，天津市市场监督管理委员会发布食品安全监督抽检信息，共抽取了175批次的调料，其中有1个批次的产品质量未达到规定的要求，这主要源于其中含有的防腐剂使用量超出了规定用量。然而，这种情况会严重影响到人们的健康，甚至可能导致致癌、致畸的后果。2016年12月14日，据我国台湾地区"食药署"消息，台湾食药署公开了一份关于美国10批次调味酱的检测结果，结果表明，这些食物的质量存在问题，其中 1 批次的食物存在严重的防腐剂超标。由于 10 款产品中的苯甲酸和己二烯酸含量均出现超标的情况，因此，按照我国台湾地区的相关法律法规要求，在计算防腐剂的含量时，应将苯甲酸的含量控制在 1.0 g/kg 以内，而将己二烯酸的含量控制在 1.0 g/kg 以内，并将两种防腐剂的含量相加，最终的结果应小于 1 的规定。

2.2 生产企业对食品添加剂的管理不规范

一些小型调味料生产企业，缺乏对原料质量进行监控的管理意识，甚至采购食品添加剂原料没有进行供应商索证，导致伪劣食品添加剂的引入，直接影响了产品的质量。随着企业质量管理水平的不断提升，食品添加剂的使用越来越规范，但仍然存在着计量失误、被滥用以及其他质量安全问题的风险[3-4]。

2.3 食品添加剂标识不规范

食品标识是向消费者展示食品配料的重要方式。许多复合调味料的产品标签上仅提供了主要成分，而没有详细说明食品添加剂的含量；然而，一些生产企业为了吸引消费者，会在产品标签上印刷"本产品不含任何食品添加剂""本产品不添加防腐剂"等广告语，以此来强调其产品的安全性。实际上，为了确保产品可以长期保质，以及更好地进行储存和销售，大多数产品会适量加入食品添加剂。

2.4 使用伪劣添加剂

合法的、高质的食物添加剂可以提升复合调味料的特殊作用，同时也可以确保它们对人类的健康没有任何伤害。然而，如果采取欺骗消费者的方式，就会严重损害复合调味料的质量和安全。伪劣食品添加剂的出现，无法被人们摄取，甚至还包括一定数量的汞、铅、砷等有毒有害物质，在这种情况下，复合调味料的质量和安全性都受到了极大的威胁，甚至连最基本的营养成分都无法得到满足，也对消费者的身心健康以至生命安全造成极大的隐患[5]。

3 复合调味品生产企业食品添加剂的使用管理探讨

使用任何超出规定范围的食品添加剂，尤其是将工业级添加物混入食品中，都有可能对人类健康造成极大的损害。因此，复合调味料生产企业应当采取有效措施，加强对添加剂的管控，确保食品安全。

3.1 建立一支高素质的食品安全保障专业团队

食品生产企业应成立一个好的领导班子，打造一个精干的执行团队。从实践经验看，企业应配备足够数量的高素质食品专业人才，要认真研究和贯彻执行我国及进口国家或地区食品安全法律法规，强化食品安全管理的专业技能，不断适应食品安全新形势的发展要求。对添加剂的使用与管理、添加剂的使用风险，要有足够的预见性、认知能力和风险控制能力，对非食用物质和禁用添加物有足够的鉴别判别能力，有一定的公共安全突发事件的应对能力，要有对消费者负责的良知。我国食品生产企业，特别是中小型食品企业人才缺乏，食品添加剂风险意识淡薄，食品安全卫生意识差，责任心不强，是制约食品安全和企业生存发展的最大阻碍。

3.2 精确掌握食品添加剂的使用方法，以保证安全和健康

3.2.1 精确掌握食品添加剂的最低标准，以确保其安全性和有效性

食品生产企业必须确保所有食物都没有受损，没有污染环境，没有损害人类健康；避免滥用食品添加剂，确保其含有一定的营养成分，并且最大限度地降低它们在我们日常饮食中的含量。

3.2.2 精确识别食品添加剂的用途，以确保其安全有效地使用

保存食物的营养价值，作为一种特殊的饮食添加剂，提升食物的口感和稳定性，改善它们的口味，使它们更容易被制造、加工、包装、运输或储存。

3.2.3 熟练掌握食品添加剂使用标准，特别是与复合调味料有关的标准产品设计时，必须了解和执行国内外相关标准。不仅要掌握产品的食品安全国家标准，还要掌握相应的操作规范标准、原辅料食品添加剂质量和使用标准。注意不得使用过期或作废标准

3.2.3.1 熟练掌握我国食品添加剂标准

我国添加剂产品标准主要分为添加剂质量标准和卫生标准。标准等级不一，很多产品有工业级标准，也有食品级、饲料级、农业肥料级标准，而且每种级别的添加剂都有其对应的产品标准，所以必须掌握作为食品添加剂的产品标准。我国的食品添加剂在标准名称上，应当注意显示的是《食品安全国家标准 食品添加剂 ×××》。根据《食品安全国家标准 食品添加剂 柠檬酸》（GB 1886.235—2016），柠檬酸的铅含量不得超过 0.5×10^{-6}，而柠檬酸类一般产品标准中的铅含量则为 5×10^{-6}，这意味着柠檬酸的安全性标准与一般产品标准存在 10 倍的差距。因此，在选择食品添加剂时，应当特别注意铅的含量，以确保食品的安全性。

根据《食物安全国家标准 食品添加剂使用标准》（GB 2760—2014）以及《食物安全国家标准 食品营养强化剂使用标准》（GB 14880—2012），以及其他一些新的法律法规，以确保食物中的营养成分得到充分地保护，并且由国家卫生健康委员会发布新版膳食指南，明确指出了食物中营养成分的安全性、可以接受的摄入量以及可能存在的污染物。该规范为所有的食物添加剂制造商、销售商以及消费者提供了统一的标准。

3.2.3.2 掌握进口国家或地区标准

为了确保消费者的健康，"非许可即禁止"规范了所有的食物添加剂的使用，并且要求所有的消费者都必须遵守这些规范，以便将其作为产品销售到其他国家。一些国家并没有将营养强化剂纳入添加剂管理，添加剂的产品标准、使用标准的内容和框架差异也很大。有些在我国可作为食品添加剂，而在有的国家可能作为食品原料对待；有些添加剂在我国允许使用，但在其他国家却未纳入许可使用的范畴，即使是在许可范围内，允许使用范围和添加量往往也有差异。在准备生产出口产品采购原料和设计配方前，一定要弄清国外要求。对于允许使用的食品添加剂产品标准、使用标准（添加限量）一定要严格按照进口国家或地区要求掌握。国外未允许使用的食品原辅料添加剂不得添加，防止出现"牙膏二甘醇"事件的再次发生（牙膏中的二甘醇在我国允许使用，而在巴拿马、美国等国家或地区不得使用）[6]。

3.2.3.3 及时掌握国内外食品添加剂动态标准更新及临时措施

由于食品添加剂行业的飞速发展，现有标准很难全面覆盖现行所有添加剂特别是添加剂新品种，多个国家往往通过更新标准、修改单、公告等方式发布动态调整信息，增减品种和调整应用范围，禁用实践证明有毒有害的添加剂。一些国家或地区还发布风险预警通报，公布禁用的非食用物质清单和易滥用的食品添加剂清单，并采取相应对策。

3.2.4 加强对复合调味料所用食品添加剂采购前的评估

在选择食品添加剂之前，必须先仔细审核其所属的供应生产企业，可以通过多种方式，包括但不限于：资格审核、审核相关管理文件、实地考察、抽样检测、市场研究、风险监测、利用过去的统计记录，以及其他相关技术支持。这些都是必不可少的，以确保选择的食品添加剂具有良好的可靠性、可操作性、满足国家或地方的相关标准。

3.2.4.1 资质评估

通过资质评估，我们能够确保供应商拥有合法的经营手续，包括但不限于食品生产许可证、体系认证文件、严格的产品规范（包括备案规范）、相关机构或部门定期抽查结果以及公司的自我审核报告。

3.2.4.2 管理文件评估

经过严格的管理文件评估,我们可以确保供应商的《产品质量使用手册》《良好操作规范》《健康标准操作程序》《HACCP 行动计划》《程序文件》《作业指导书》《规范列表》都得到有效检测,以确保其在遵守相关法律法规、执行卫生标准的同时,也可以有效地检测其在提供食品添加剂时的产品质量安全状况。

3.2.4.3 现场评估

通过实地考察、调研、审计等手段,对供应商的食品安全控制能力和产品质量进行全面而准确的评估,以确保其符合预先设定的标准。现场评估要充分考察该供应商使用原料的种类及质量等级、设备种类和生产工艺的先进性、稳定性、管理的规范性、检测验证运行的有效性、包装及印刷材料危害因子的迁移影响等。

3.2.4.4 抽样验证

通过抽样验证,我们可以在不通知供应商的情况下,对其提供的产品进行多项目的检测,以确保样品的数量和质量能够反映出实际情况,并且根据检测结果与执行标准进行比较,以评估该食品添加剂的具体指标是否符合要求。

3.2.5 通过 5 次市场调研和风险预警评估,以及利用历史数据进行分析和评估

通过多种渠道,如网络媒体,收集信息,并对其进行系统的分析,以便更好地了解市场动态。在此基础上,要特别关注供应商是否存在重大问题,是否采取了有效措施来改善,以确保所提供的食品添加剂的安全性、稳定性和可靠性。

3.2.6 规范复合调味料产品设计

在产品设计过程中,应当综合考虑国内外有关食品添加剂的多样性、功能性以及混合使用的原则,以确保最终产品中添加剂的种类和浓度达到消费者的预期。

3.2.6.1 品种选择

对计划纳入配方的添加剂与消费国允许使用的添加剂清单相比对,未纳入许可清单的不得使用,或选择已许可使用的相同功能添加剂进行替代。原则上有天然品种不选择化学合成品种。需要注意的是,我国许可的品种,进口国不一定许可,不同的食品及不同浓度的同一类食品允许使用的添加剂有所不同,添加任何未经许可的添加剂或者非食品级物质都可能导致检测结果的异常。

3.2.6.2 添加量、混合使用与带入原则

为了确保安全,任何形式食物添加剂(如着色剂、防腐剂、抗氧化剂)的使用都必须符合相关的国家或地区的安全标准,且每种添加剂的总体用量必须满足有关要求。配方设计时应考虑食品生产加工工艺对添加剂含量及其衍生物的变化,加工助剂对食品成分的影响,原辅料带入对添加剂添加量的影响。而营养强化剂含量应当符合标准规定的添加量范围,不能低于最低添加量,或不得过量,避免营养失衡或中毒,并按实际添加量进行标识。对于允许使用但没有明确限量的添加剂,应当遵循根据生产、质量需要适量添加,而不是随意添加。

食品添加剂的带入原则是:某种食品添加剂不是直接加入到食品中的,而是通过其他含有该种食品添加剂的食品配料带入的。带入应符合以下几个原则:一是食品配料中允许使用该食品添加剂;二是食品配料中该添加剂的用量不应超过《食品安全国家标准 食品添加剂使用标准》(GB 2760—2014)允许的最大使用量;三是应在正常生产工艺条件下使用这些配料,并且食品中该添加剂的含量不应超过由配料带入的含量;四是由配料带入到食品中的该添加剂的含量应明显低于直接将其添加到该食品中通常所需的水平。分析该种添加剂是否属于带入原则时,应结合产品的配方综合分析。复合调味料的配料和食品添加剂非常复杂,在产品设计时,要考虑动植物、水产品等初级产品中农业化学品的使用及残留情况,更要考虑工业化生产的原辅料、复合添加剂中带入的成分及含量,避免因不知情而造成违规和产品不合格。

3.2.6.3 坚守基本原则

应当遵守国家规定，严格控制食品添加剂的使用，不得超出允许的范围，不得滥用，不得使用任何非食用物质，也不能使用任何有毒有害物质。为了避免误解有关规定或标准，应该严格遵守有关法律法规，并确保不会出现有毒有害物质的最大残留量。有的企业打检测方法的擦边球，以"标准未规定、不抽检、检不出、检出限宽"等为由，视消费者健康安全的最高标准于不顾，添加非食用物质或滥用添加剂。

3.2.6.4 严格执行配方设计应用审批程序

配方设计完毕在生产前必须进行严格的评价验证，必要时进行安全试验，对照国内外标准要求进行科学的风险评估。只有风险评估合格的配方才可经审批后投入生产。未经风险评估和审批，任何人不得擅自调整生产配方。

3.2.7 做好原辅料添加剂的采购、验收与储存

3.2.7.1 采购

采购清单必须符合配方设计要求，并严格按照程序审批后方可采购，采购的实际产品必须来自经评估审批合格的生产企业，并符合采购标准。

3.2.7.2 验收

添加剂验收首先应核对外包装标识内容是否符合《食品安全国家标准 食品添加剂标识通则》（GB 29924—2013）和采购清单的要求，是否随单附合格证以及内容是否符合要求，外包装是否完整，拆开包装进行感官检验和实验室抽样时应注意防止污染，感官检验应当批批进行，实验室检测的品种、项目及频率根据添加剂的种类、稳定性、安全风险程度、用量、国内外标准要求等确定。

3.2.7.3 储存

为了确保安全，食品添加剂的储藏必须遵守"三不靠"（即不靠地、墙、顶）的规定，并在堆码处保持适当的空隙，以避免潮湿、腐烂、害虫、老鼠、灰尘、污垢、盗窃，并将其置于安全的地方，并进行有效的标签，以便于查询，此外，还必须满足各类添加剂的特定条件，比如温湿度、封闭条件、隔离、防火、防爆等，禁止将未经授权的物质混入其中。

3.2.8 规范称量管理

很多企业产品质量不稳定，添加剂含量不统一，引发食品安全事故，主要是称量不准确、不科学、管理不严所致。

3.2.8.1 现场管理

为了保障安全，我们将对工厂进行全面管理，将对工厂的物质进行精细分析和统一的分级，并将其分为合格的物质，以及对每一份物质进行精细的标签。我们还将在必要时为工厂建立一个独立的配料室，以便进行必要的调试。同时严格遵守食用物质的安全要求，并对所有的物质进行有效监督。

3.2.8.2 计量校准

为了提高测量精度，定期检查测量工具，测量工作者必须经过专业的培训，并获得资质认证。此外，我们还建议在测试过程中安排专业的测试团队，定期检查测试结果，以便提高测试精度。如果测试结果出现异常，将立即采取相关控制措施，将异常的物质进行隔离、评价，并做适当处理。

3.2.8.3 科学配制

根据原辅料的物理、化学、生物特性、应用场景、配方要求以及生产过程，精准控制配制的时机、顺序、操作步骤、混合比例、时间长度、变异系数，以避免不当的物理化学反应，以及可能产生的有毒有害物质，并确保混合物的含量稳定。

3.2.9 及时实施产品检测验证

企业应建立健全食品安全监控计划，对原料到产品的全过程进行监测验证，以此评估体系的有效性和产品的安全性。

3.2.9.1 检测项目的选择

在进行检测之前,需要综合分析各个因素,以便选择最合适的检测方法。检测过程包括对原辅料添加剂、工艺流程、产品特征、安全卫生指标,以及可能存在的有害成分进行检测。特别是对于有害成分,如氯霉素、瘦肉精、硝基呋喃、甲硝唑、防腐剂、抗氧化剂、过氧化苯甲酰、三聚氰胺、吊白块、苏丹红等,必须进行严格检测,以保证检测结果符合要求。

3.2.9.2 检测频率的选择

根据风险评估和国内外要求,检测频率应该有所不同。对于具有较高风险、潜在危害、控制困难、易变化的、受到国内外关注的食品添加剂,应该增加检测频率;而对于风险较小、数据稳定、易于控制的食品添加剂,可以采用动态调整的方式,初期检测频率较高,而在长期监测中,如果没有发现问题,则可以适当降低检测频率,但不能完全取消。

3.2.9.3 检测结果的利用

如果检验结果符合标准,允许将其储存、使用、销售。如果检验结果不符,则需要将其隔离、暂时禁止使用及销售。如果发现了问题要及时补救,一是需要立即发起风险预警并迅速做出反应;二是需要按采取预防控制措施的规定,严肃调查并及时解决;三是需要重新加工、更换其他材料、无害化处置或者销毁。

3.2.9.4 留样

保留样本可以帮助我们更好地进行复查并保留必要的证据。由于抽样的方式和数量各不相同,因此样本的保存非常重要。留样数量和质量根据可能验证项目和需要决定,保存时间原则上应当在保质期结束或消费安全期过后,样品保存应避免变质、降级、影响检测结果或感官检验结果,防止留样变化影响验证结果,不利于争议的解决。样品要避免提前处理和将可能变质或已变质留样混入其他产品或重复加工使用,防止样品直接流入社会(包括降价、降级对外处理、赠送、职工福利等)造成意外的食品安全事件。特别要对采购的食品添加剂留样并严格评估,在保证追溯和安全的情况下,可以使用,对于超期和存在安全隐患的进行无害化处理。

3.2.10 加强食品防护,建立有效的食品防护计划

现代人为的食品污染往往造成重大公共卫生安全事件,影响企业效益,决定企业命运。加强食品防护防止人为恶意投毒污染事件的发生越来越被全球所重视。美国食品安全检验署局(FSIS)率先制定了《食品防护计划》来指导屠宰、肉类加工企业。防护计划必须建立从采购到消费,从物流控制到人员控制,从企业内部到外部,从制度建设到硬件建设,从信息收集、评估到预防控制,从日常管理到突发事件追溯等各环节的防护和监控体系,来防止人为污染或投毒事件,与食品安全卫生质量控制体系共同为食品安全保驾护航。经过改进,《危害分析与关键控制点(HACCP)体系 食品生产企业通用要求》(GB/T 27341—2009)已经被制定并发表。

3.2.11 健全标识,建立追溯和召回制度,做好公共卫生安全突发事件的应急处理

根据《食品召回管理规定》(质检总局令98号)、《食品标识管理规定》(质检总局令第102号)以及《食品召回管理办法》(国家食品药品监督管理总局令第12号)的要求,各类食品生产经营者必须严格遵守《食品召回管理规定》《食品标识管理规定》以及其他相关法律法规,加强对食品的监管,实施完善的食品标识、产品追踪以及召回机制。

3.2.11.1 标识内容

食品标签上的信息必须完整、准确、易于理解,并且符合法律规定。要正确标注食品标签标识:品名、型号、规格、生产日期、批号、净含量、产地、执行标准、生产许可证号、使用方法、使用量、配料表、储存方法、警示性标志等。应当特别留心食物中含有的甜味剂、防腐剂和着色剂的种类和数量,一定要清楚地标明出来,而不能以任何形式代替。标识内容不得有隐瞒、伪造、误导、歧视、欺骗等信息,不得违反国家禁止性规定加施标识及内容。

3.2.11.2 标识代码与批次管理

产品标识代码不宜过于复杂，对所用到的原料、添加剂以及产品都应赋予唯一的批号，来确保具有良好的可追溯性。

3.2.11.3 追溯、召回与应急处理

企业在收到官方、客户、消费者、社会大众发现不合格或出现不合格的举报、投诉等信息时，应当立即启动追溯程序，及时向主管部门报告情况进展，立即组织调查、重新评估、封存、纠偏、验证等措施，不得继续使用问题原辅料、添加剂，不得继续销售问题产品，应根据评估和反馈情况的性质决定是否需要召回。属于食品安全项目不合格的必须召回，销售面广，容易引发重大公共卫生安全的，应当公告召回，并向社会发出预警信息。正确处理召回的产品，绝不能将存在安全卫生隐患的产品流入社会。

3.2.11.4 对于公共突发安全事件的做法

为了保护公众利益，必须遵守有关规定，并依据具体情况进行适当调整。依据具体需求，停止生产、出售、召回有关商品，并遵守有关规定进行必要的处罚。我们将会尽力保护消费者、供应商以及客户，并努力为他们提供必要的帮助。我们也将会尽快通知有关政府机构，以便获得他们的全力配合。为了保护公众利益，必须采取积极的措施，包括但不限于：积极地宣扬真实的消费者需求，并且要求媒体和公众持续关注和报道有关食品添加剂的相关事宜，并且要求有关部门和个人尽快对事件真相做出澄清。不能欺骗媒体及消费者。

如果发生严重的食品安全问题，那么生产商应该寻找专家来协商解决。同时，应该提高员工的素质，保持良好的心态，避免出现混乱的状况，并确保采取适当的预防措施，以确保食物的安全。为了确保食品的安全，我们应该迅速行动，建立一个持久的质量控制体系，努力获得政府的批准，并且积极地与相关部门沟通，以便他们能够进行现场的监控与审查，并且邀请专家（包括新闻媒体），帮助我们重新启动生产，将相关信息交由专家进行审核，同时定期进行新闻通报，以便让我们的企业能够迅速重新进入市场。

3.2.12 建立与实施企业诚信体系和食品安全承诺体系

作为一家公司，我们有责任对食品安全负第一责任，将食品安全看作是我们的生存之道，始终秉承诚实守信的理念，努力维护公司的利益。努力提升团队的综合实力，完善食品安全制度，以便更有效地控制产品质量。我们将会密切跟踪生产的产品，一旦发现有违反相关法律的情况，将立即上报，绝对不会隐瞒。为了维护公众的权益，我们必须严格遵守所有的记录，并且要求它们必须是完整的、可以被追溯的。我们将严格遵守所有的规定，并且要求所有的行为都必须符合相关标准，永远把维护公众利益放在首位。

4 结论

近年来，由于食品加工技术的进步，食品添加剂被大幅度地引入复合调味料领域，但是由于过度滥用、缺乏有效的监督、缺乏合格的标准，加之伪劣食品添加剂的出现，这些都给消费者的健康带来极大的安全隐患，也给调味料行业的可持续发展带来了极大的挑战。作为调味品生产企业，应加强食品安全管理人员队伍建设，积极贯彻落实国内外食品添加剂法律法规和标准要求，规范食品添加剂类原料在产品设计、入厂验收、过程使用、出厂验证的全程控制，强化风险评估和验证检测，确保食品添加剂在复合调味料中的应用符合国家的法律法规要求及出口国家或地区的产品标准和使用要求，积极接受社会监督和政府职能部门监管，最终实现消费者"舌尖上"的食品安全。

参考文献

[1] 中华人民共和国国家卫生和计划生育委员会. 食品安全国家标准 食品添加剂使用标准实施指南: GB 2760—2014 [M]. 北京: 中国标准出版社, 2015.
[2] 中华人民共和国国家卫生和计划生育委员会. 食品安全国家标准 食品添加剂使用标准: GB 2760—2014 [S]. 北京: 中国标准出版社, 2014.
[3] 郭世平. 肉食品加工企业使用食品添加剂时存在哪些问题 如何解决 [J]. 监督与选择, 2006 (2): 49-50.
[4] 李同春. 保证肉品安全掌握品质变化提高食用价值 [J]. 肉类工业, 2006 (8): 38-42.
[5] 李磊. 食品添加剂与食品安全 [J]. 中国检验检疫, 2006 (6): 62.
[6] 闫庆博, 鞠波, 梁成彪, 等. 食品生产企业添加剂的使用与管理 [J]. 中国食品添加剂, 2009 (S1): 65-69.

作者简介:

刘民婕, 1981年生, 女, 工程师, 大学本科学历, 现任职于山东天博食品配料有限公司。研究方向为食品安全与质量管理、食品检测、标准化管理、管理体系建设、管理体系认证等。

凯氏定氮法测定大豆蛋白质溶解比率的不确定度分析

任凌云　杨琳琳　江媛媛　董　斌　刘文哲

（山东省粮油检测中心）

摘　要　通过分析大豆蛋白质溶解比率的检验过程，建立数学模型，分析不确定度的来源，确定影响测量结果的不确定性因素，并对各个不确定度分量进行评定和计算合成。通过测量不确定度的评定，最终合成大豆蛋白质溶解比率的不确定度及扩展不确定度，按95%置信区间，取包含因子$k=2$时，大豆蛋白质溶解比率的扩展不确定度为1.56%。
关键词　不确定度　水溶性蛋白　大豆　蛋白质溶解比率

1　前言

蛋白质是一类营养物质，也是重要的储存品质指标之一。在我国，大豆通常用来制作豆制食品、榨取大豆油、酿造酱油或用于生产大豆蛋白[1]，大豆是粮油籽粒中蛋白质含量最高的，新收获的大豆中所含蛋白质能达到90%以上，可溶于水的这部分蛋白称之为水溶性蛋白[2]，大豆水溶性蛋白主要由大豆球蛋白组成，此外还有少量的大豆清蛋白[3]，放置时间越短大豆越新鲜，随着放置时间延长大豆中的水溶性蛋白含量逐渐降低[4]。大豆水溶性蛋白含量占大豆粗蛋白质含量的比率称为大豆蛋白质溶解比率，可作为大豆是否适合储存的重要判定指标，根据《大豆储存品质判定规则》（GB/T 31785—2015），大豆蛋白质溶解比率低于75%的大豆，不宜继续储藏[5]。

测定大豆蛋白质溶解比率对于评价大豆是否适合储存有积极的意义[6]。通过对测量不确定度进行分析，可合理赋予被测值的分散性，确保检测结果的有效性和可信性，但对大豆蛋白质溶解比率不确定度的评估报道较少[7]，本试验通过测定大豆粗蛋白质含量和水溶性蛋白质含量，计算出蛋白质溶解比率，并对其不确定度进行了分析。

测定原理：蛋白质加入H_2SO_4加热消化，在催化剂的作用下分解，由于蛋白质含氮，氮与加入的H_2SO_4结合生成$(NH_4)_2SO_4$。加碱，蒸馏，重新生成氮，氮被硼酸吸收，用酸标准溶液滴定（硫酸或盐酸），酸对应的换算系数与使用的酸标准溶液体积的乘积即为蛋白质含量[7]。

2　材料与方法

2.1　仪器与试剂

8400全自动凯氏定氮仪；FED240电热恒温鼓风干燥箱inder；电子分析天平，感量0.1mg；H_2SO_4标准滴定溶液（0.5035mol/L）；H_3BO_3（AR，分析纯）；NaOH（AR，分析纯）；混合指示液（现配现用）。

2.2　试验方法

2.2.1　粗蛋白质含量

按照《食品安全国家标准 食品中水分的测定》（GB 5009.3—2016）[8]中第一种方法直接干燥法，

烘去大豆的水分,所得干基部分用于蛋白质的测定。样品粉碎烘干,在消化管加入 0.5g（精确至 0.0001g）样品,加入 $0.4gCuSO_4$、$6gK_2SO_4$、$20mLH_2SO_4$,消化管放入消解仪。消化完全后加入蒸馏水 50mL,于全自动凯氏定氮仪进行测定[9]。

2.2.2 水溶性蛋白质含量

称取粉碎试样 5g 于 250mL 磨口带塞锥形瓶中,加水 200mL,摇匀使其均匀分散,然后在 25～30℃ 温度下振荡 2h,取出后将混合液转移至 250mL 容量瓶中,用水稀释至刻度,混匀后静置 2min,将上层清液倒入 50mL 离心管中,在离心机中离心 10min,再将离心液快速用滤纸过滤,收集清晰滤液于比色管中,即为样品水溶性蛋白质测定液。

吸取测定液 10mL 于消化管中,加入混合催化剂 1g,同时加入硫酸-过氧化氢-水混合液 5mL,程序升温消化,取出待消化液冷却至室温后,加水 10mL,待溶液温度降到室温后,转入 100mL 容量瓶,冲洗消化管 3 次,冲洗用水一同转入,继续加水至 100mL 刻度线。溶液蒸馏,用 0.01mol/L 的 H_2SO_4 标准溶液滴定,吸收液显现浅紫红色时停止滴定[5]。

2.3 数学模型的建立

2.3.1 粗蛋白质计算公式

粗蛋白质含量按式（1）计算：

$$B=\frac{(v_1-v_2)\times c\times 0.0140\times F}{m_1}\times 100\% \tag{1}$$

式中　B——样品中蛋白质的含量（g/100g）；
　　　v_1——试液消耗酸标准溶液的体积（mL）；
　　　v_2——试剂空白消耗酸标准溶液的体积（mL）；
　　　c——酸标准溶液浓度（mol/L）；
　　　0.0140——1.0mL H_2SO_4 或 HCL 标准滴定溶液相当的氮含量（g）；
　　　m_1——试样的质量（g）；
　　　F——氮转变蛋白质的换算系数。

2.3.2 水溶性蛋白质含量计算公式

水溶性蛋白质含量按式（2）计算：

$$A=\frac{(v_4-v_3)\times c\times 0.0140\times F\times 250\times 50\times 1000}{m_2\times 10\times 5\times (100-w)} \tag{2}$$

式中　A——试样水溶性蛋白质的含量（g/100g）；
　　　v_4——滴定 5mL 样液消耗 H_2SO_4 标准滴定液的体积（mL）；
　　　v_3——滴定 5mL 空白液消耗 H_2SO_4 标准滴定液的体积（mL）；
　　　c——H_2SO_4 或 HCL 标准滴定液浓度（mol/L）；
　　　0.0140——1.0mL H_2SO_4 或 HCL 标准滴定液相当的氮含量（g）；
　　　m_2——试样的质量（g）；
　　　F——氮转变蛋白质的换算系数；
　　　w——试样水分百分率（%）。

2.3.3 大豆蛋白质溶解比率计算公式

大豆蛋白质溶解比率按式（3）计算：

$$X=\frac{A}{B}\times 100\% \tag{3}$$

式中　X——大豆蛋白质溶解比率（%）；

A——试样水溶性蛋白质的含量（g/100g）；

B——样品蛋白质的含量（g/100g）。

3 不确定性来源分析

3.1 粗蛋白质含量不确定度分析

3.1.1 空白试验消耗标准滴定溶液引入的不确定度 u_{rel}（v_2）

空白试验重复性引入的 A 类不确定度，做 6 次重复空白试验，其空白试验的原始数据如表 1 所示，则标准偏差为 $\mu(v_2)=\sqrt{\dfrac{\sum_{i=1}^{9}(x_i-\bar{x})^2}{6\times(6-1)}}=0.0000159$（mL），相对标准不确定度 $u_{rel}(v_2)=\dfrac{\mu(v_2)}{\bar{x}}=0.0022$。

表 1 空白试验滴定消耗 H_2SO_4 体积

序号	空白滴定消耗 H_2SO_4 量（mL）
1	0.0711
2	0.0718
3	0.0707
4	0.0714
5	0.0713
6	0.0709

3.1.2 大豆样品重复测定带来的不确定度 U_{rel}（b）

用凯氏定氮仪对大豆粗蛋白质进行 6 次重复测定，具体数据及结果见表 2，计算得大豆蛋白质平均含量为 33.5%，标准不确定度为 $u(b)=\sqrt{\dfrac{\sum_{i=1}^{6}(x_i-\bar{x})^2}{6\times(6-1)}}=0.00179$（g/100g），相对标准不确定度 $u_{rel}(b)=\dfrac{\mu(x)}{\bar{x}}=0.0053$。

表 2 大豆中粗蛋白质含量测定数据及结果

序号	称样量（g）	滴定体积（v_1-v_2）(mL)	粗蛋白质含量（%）
1	0.4980	26.2303	33.15
2	0.5034	27.0346	33.8
3	0.5025	26.6270	33.35
4	0.5015	26.3987	33.13
5	0.5007	26.7067	33.57
6	0.5002	27.2363	34.27
平均值	0.5010	26.7056	33.5

3.1.3 H_2SO_4 标准溶液引入的不确定度 u_{rel}（c）。

0.5035mol/L 的 H_2SO_4 标准溶液浓度，相对扩展不确定度 $u(c)=0.20\%$，$k=2$，则 0.5035mol/L 的 H_2SO_4 标准溶液的相对不确定度 $u_{rel}(c)=\dfrac{\mu(c)}{k}=0.001$。

3.1.4 H₂SO₄稀释引入的不确定度 $u_{rel}(s)$

3.1.4.1 容量瓶引入的不确定度

容量瓶检定证书显示250mL量筒容量允差为0.15mL，按B类不确定度评定，可认为其服从均匀分布，标准不确定度为 $u(s_1)=\dfrac{0.15}{\sqrt{3}}=0.087$ （mL），相对不确定度 $u_{rel}(s_1)=\dfrac{\mu(s_1)}{250}=0.000348$。

3.1.4.2 移液管引入的不确定度

移液管检定证书显示50mL移液管容量允差为0.05mL，按B类不确定度评定，可认为其服从均匀分布，标准不确定度为 $u(s_2)=\dfrac{0.05}{\sqrt{3}}=0.029$ （mL），相对不确定度 $u_{rel}(s_2)=\dfrac{\mu(s_2)}{50}=0.00058$。

综上，稀释H₂SO₄不确定度 $u_{rel}(s)=\sqrt{u_{rel}(s_1)^2+u_{rel}(s_2)^2}=0.00068$。

3.1.5 由电子天平引入的不确定度 $u_{rel}(m_1)$

电子天平检定证书显示其最大允差±0.00005g，按B类不确定度评定，可认为其服从均匀分布，标准不确定度为 $\mu(m_1)=\dfrac{0.00005}{\sqrt{3}}=0.00003$ （g）。样品的称取质量为0.5000g，则样品质量引入的相对标准不确定度为 $u_{rel}(m_1)=\dfrac{0.00003}{0.5000}=0.000060$。

3.1.6 滴定消耗H₂SO₄体积引入的不确定度 $u_{rel}(v_1)$

凯氏定氮仪设置自动滴定，滴定消耗H₂SO₄体积引起的不确定度检定证书已给出，示值误差带来的扩展不确定度（$k=2$）为1.5%。标准不确定度为 $u(v_1)=\dfrac{0.015}{\sqrt{2}}=0.0106$，平均消耗体积为26.71mL，则相对标准不确定度为 $u_{rel}(v_1)=\dfrac{\mu(v_1)}{26.71}=0.000397$。

3.1.7 大豆水分测定带来的标准不确定度 $u_{rel}(q)$

大豆水分做6平行试验，数据如表3所示。

表3 大豆水分测量结果

次数	m_1 (g)	m_2 (g)	w (%)
1	5.0018	4.3876	12.28
2	5.0056	4.3894	12.31
3	5.0002	4.3876	12.28
4	5.0026	4.3894	12.31
5	5.0054	4.3857	12.29
6	4.9998	4.3858	12.33
平均值	5.0026	4.3872	12.3

水分测定的重复性带来的相对不确定度 $u_{rel}(w)=\sqrt{\dfrac{\sum_{i=1}^{6}(x_i-\bar{x})^2}{6\times(6-1)}}=0.000075$，相对标准不确定度为 $u_{rel}(p)=\dfrac{\mu(w)}{\bar{w}}=0.00061$。

电子天平检定证书显示其最大允差±0.00005g，按B类不确定度评定，可认为其服从均匀分布，水分测定称样量标准不确定度为 $u(m_3)=\dfrac{0.00005}{\sqrt{3}}=0.00003$ （g）。样品的称取质量为5.0000g，则水分测定称样量引入的相对标准不确定度为 $u_{\mathrm{rel}}(m_3) = \frac{0.00003}{5.0000} = 0.000006$，试样干燥后的质量称量带来的标准不确定度 $u_{\mathrm{rel}}(m_4) = u_{\mathrm{rel}}(m_3) = 0.000006$。

水分测定带来的合成不确定度为 $u_{\mathrm{rel}}(q) = \sqrt{u_{\mathrm{rel}}(w)^2 + u_{\mathrm{rel}}(m_3)^2 + u_{\mathrm{rel}}(m_4)^2} = 0.00061$。

3.1.8 数值修约引入的不确定度 $u_{\mathrm{rel}}(k)$

《食品安全国家标准 食品中蛋白质的测定》（GB 5009.5—2016）中规定：蛋白质含量≥1g/100g 时，结果保留三位有效数字采用四舍五入法修约时，数值修约间隔为 0.01，按均匀分布考虑，$k=3$，修约的标准不确定度为 $u_{\mathrm{rel}}(k) = \frac{0.01}{33.54} = 0.00030$。

3.1.9 大豆粗蛋白含量合成标准不确定度

由于大豆蛋白质含量测量的各相对指标不确定度互相独立，则其合成相对不确定度 $u_{\mathrm{rel}}(B) = \sqrt{0.0022^2 + 0.0053^2 + 0.001^2 + 0.00068^2 + 0.00006^2 + 0.000397^2 + 0.0003^2 + 0.00061^2} = 0.0059$。

3.2 水溶性蛋白质含量不确定度分析

3.2.1 空白试验消耗标准滴定溶液引入的不确定度 $u_{\mathrm{rel}}(v_2)$

空白试验重复性引入的 A 类不确定度，做 6 次重复空白试验，其空白试验的原始数据如表 4 所示，则标准偏差为 $\mu(v_2) = \sqrt{\frac{\sum_{i=1}^{6}(x_i - \bar{x})^2}{6 \times (6-1)}} = 0.00068$（mL），相对标准不确定度为 $u_{\mathrm{rel}}(v_2) = \frac{\mu(v_2)}{\bar{x}} = 0.0078$。

表 4 空白试验滴定消耗 H_2SO_4 体积

序号	空白滴定消耗 H_2SO_4 量（mL）
1	0.085
2	0.089
3	0.085
4	0.088
5	0.087
6	0.088

3.2.2 重复测定带来的不确定度 $u_{\mathrm{rel}}(x)$

对大豆水溶性蛋白质进行 6 次重复测定，具体数据及结果见表 5，计算得大豆水溶性蛋白质平均含量为 26.2%，标准不确定度为 $u(a) = \sqrt{\frac{\sum_{i=1}^{6}(x_i - \bar{x})^2}{6 \times (6-1)}} = 0.00020$（g/100g），相对标准不确定度为 $u_{\mathrm{rel}}(a) = \frac{\mu(a)}{\bar{x}} = 0.00076$。

表 5 大豆中水溶性蛋白质含量测定数据及结果

序号	称样量（g）	滴定体积 $v_1 - v_2$（mL）	水溶性蛋白质含量（%）
1	5.0011	5.244	26.34
2	5.0312	5.326	26.59
3	4.9821	5.181	26.12

续表

序号	称样量（g）	滴定体积 v_1-v_2（mL）	水溶性蛋白质含量（％）
4	4.9598	5.110	25.88
5	4.9981	5.217	26.22
6	4.9868	5.144	25.91
平均值	4.9932	5.204	26.2

3.2.3 H_2SO_4 标准溶液引入的不确定度 $u_{rel}(c)$

0.5035mol/L 的 H_2SO_4 标准溶液的不确定度同 3.1.3 所示 $u_{rel}(c)=\dfrac{u(c)}{k}=0.001$。

3.2.4 H_2SO_4 稀释引入的不确定度 $u_{rel}(s)$

H_2SO_4 稀释引入的不确定度同 3.1.4 所示 $u_{rel}(s)=0.00068$。

3.2.5 由电子天平引入的相对不确定度 $u_{rel}(m_2)$

电子天平检定证书显示其最大允差 ±0.00005g，按 B 类不确定度评定，可认为其服从均匀分布，标准不确定度为 $u(m_2)=\dfrac{0.00005}{\sqrt{3}}=0.00003$（g）。样品的称取质量为 5.0000g，则样品质量引入的相对标准不确定度为 $u_{rel}(m_2)=\dfrac{0.00003}{5.0000}=0.000006$。

3.2.6 10mL 单标线吸量管带来的相对不确定度 $u_{rel}(10)$

吸量管的检定证书显示 10mL、A 级分度吸量管的容量允差为 0.020mL，采用矩形分布，则标准不确定度 $u(10)=\dfrac{0.020}{\sqrt{3}}=0.012$（mL），10mL 单标线吸量管带来的相对不确定度 $u_{rel}(10)=\dfrac{\mu(10)}{10}=0.0012$。

3.2.7 A 级 250mL 容量瓶定容带来的相对不确定度 $u_{rel}(250)$

参考检定证书，容量允差 0.15mL，按 B 类不确定度评定，服从均匀分布，标准不确定度 $u(250)=\dfrac{0.15}{\sqrt{3}}=0.087$（mL），相对不确定度 $u_{rel}(250)=\dfrac{\mu(250)}{250}=0.000348$。

3.2.8 滴定管带来的相对不确定度 $u_{rel}(v_3-v_4)$

滴定管检定证书显示 10mL、A 级滴定管的容量允差 0.25mL，采用矩形分布，则标准不确定度 $u(v_3-v_4)=\dfrac{0.025}{\sqrt{3}}=0.014$（mL），相对不确定度 $u_{rel}(v_3-v_4)=\dfrac{\mu(v_3-v_4)}{10}=0.0014$。

3.2.9 大豆水分测定带来的标准不确定度 $u_{rel}(q)$

大豆水分测定带来的标准不确定度同 3.1.7 所示 $u_{rel}(q)=0.00061$。

3.2.10 数值修约引入的不确定度 $u_{rel}(k')$

《大豆储存品质判定规则》（GB/T 31785—2015）中规定：测量结果取小数点后一位，有效数字采用四舍五入法修约时，数值修约间隔为 0.1%，按均匀分布考虑，$k=3$，则数值修约引入的标准不确定度为：$u_{rel}(k')=\dfrac{0.001}{0.2618}=0.00000038$。

3.2.11 水溶性蛋白质含量测量的合成不确定度 $u_{rel}(A)$

由于大豆水溶性蛋白质含量测量的各相对指标不确定度互相独立，则其合成相对不确定度 $u_{rel}(A)=$

$$\sqrt{0.0078^2+0.00076^2+0.001^2+0.00068^2+0.000006^2+0.0012^2+0.000348^2+0.0014^2+0.00061^2+0.00000038^2}$$
$$=0.0082$$

3.3 大豆蛋白质溶解比率的合成不确定度 $u_{rel}(X)$

由于大豆蛋白质溶解比率测量的各相对指标不确定度互相独立，则其合成相对不确定度是 $u_{rel}(X) = \sqrt{Urel(A)^2+Urel(B)^2} = \sqrt{0.0059^2+0.0082^2} = 0.010$，大豆中蛋白质溶解比率 $X = \frac{A}{B} \times 100\% = 78\%$，合成标准不确定度为 $u(x) = 78\% \times 0.010 = 0.78\%$。

3.4 大豆蛋白质溶解比率的扩展不确定度 u

取包含因子 $k=2$（95% 置信概率），扩展不确定度 $u=2 \times \mu(x) = 1.56\%$，则大豆中蛋白质溶解比率为 $(78 \pm 1.56)\%$。

4 结果与讨论

4.1 由不确定度评定定量分析结果可知，大豆蛋白质溶解比率为 78% 时，扩展不确定度为 1.56%，因此大豆蛋白质溶解比率为 (78±1.56)%。大豆蛋白质溶解比率有两大影响因素，水溶性蛋白质含量和粗蛋白质含量。

4.2 水溶性蛋白质含量测定中空白试验消耗标准滴定溶液的体积影响最大，其次为 10mL 滴定管，再者为 10mL 单标线吸量管，数值修约的影响最小可以忽略。因此在以后的实际检测工作中应控制影响测量不确定度的主要因素，所使用的滴定管、移液管等要定期检定，确保器具的稳定性，检验人员要规范操作，准确判断滴定终点并准确读数，在试验条件允许的范围内增加重复次数。

4.3 作为影响蛋白质溶解比率的另一个重要因素——粗蛋白质含量，在测定时也要降低不确定度才能提高蛋白质溶解比率的准确性。可以看出大豆粗蛋白质含量检测中，重复性带来的不确定度最大，其次为空白试验，电子天平的不确定度最小，不记录在内。可见在使用全自动凯氏定氮仪测定粗蛋白质含量时要增加检测次数，降低不确定度，提高粗蛋白质含量测定的准确性。

4.4 在条件允许的范围内，降低水溶性蛋白质含量和粗蛋白质含量引入的不确定度，才能提高大豆中蛋白质溶解比率的准确度。

参考文献

[1] 李锦. 离子液体催化环氧大豆油的合成与工艺优化 [J]. 中文科技期刊数据库（文摘版）自然科学, 2017 (8): 266.

[2] 刘海顺, 张志航, 胡瑞丰, 等. 大豆水溶性蛋白测定方法探讨 [J]. 粮食储藏, 2011, 40 (3): 3.

[3] 王燕. 大豆水溶性蛋白含量测定的不确定度评定 [J]. 粮食与食品工业, 2011, 18 (5): 4.

[4] 王佳, 邵立红. 大豆的储藏应用技术 [J]. 大豆通报, 2004 (5): 21-22.

[5] 中华人民共和国国家质量监督检验检疫总局, 中国国家标准化管理委员会. 大豆储存品质判定规则: GB/T 31785—2015 [S]. 北京: 中国标准出版社, 2015.

[6] 周洲, 张榴萍, 许安君. 大豆蛋白溶解比率测定影响因素探讨 [J]. 食品科技, 2013, 38 (9): 4.

[7] 李芳. 凯氏定氮法测定食品中蛋白质的不确定度分析 [J]. 中国卫生检验杂志, 2006, 16 (5): 2.

[8] 中华人民共和国国家卫生和计划生育委员会. 食品安全国家标准 食品中水分的测定: GB 5009.3—2016 [S]. 北京: 中国标准出版社, 2016.

[9] 中华人民共和国国家卫生和计划生育委员会, 国家食品药品监督管理总局. 食品安全国家标准 食品中蛋白质的测定: GB 5009.5—2016 [S]. 北京: 中国标准出版社, 2016.

作者简介：

任凌云，女，1969年出生，研究生学历、硕士学位，山东省粮油检测中心高级工程师，研究方向为食品安全与检测。
杨琳琳，女，1993年出生，研究生学历、硕士学位，山东省粮油检测中心工程师，研究方向为食品安全与检测。
江媛媛，女，1986年出生，研究生学历、硕士学位，山东省粮油检测中心工程师，研究方向为食品安全与检测。
董斌，男，1992年出生，研究生学历、硕士学位，山东省粮油检测中心工程师，研究方向为食品安全与检测。
刘文哲，男，1996年出生，本科学历、学士学位，山东省粮油检测中心助理工程师，研究方向为食品安全与检测。

浅谈制造业企业知识产权管理标准化

王忠成[1]　马岩巍[2]　杨玉梅[1]　刘雪峰[2]

[1. 中国（烟台）黄金产业知识产权信息中心；2. 招远市消费者投诉中心]

摘　要　当今国际环境，知识经济兴起，知识产权越发成为制造业企业的核心竞争力。为推动企业知识产权管理标准化，中华人民共和国国家质量监督检验检疫总局、中国国家标准化管理委员会发布《企业知识产权管理规范》（GB/T 29490—2013）。拥有核心知识产权、贯彻落实企业知识产权管理规范，已成为我国制造业企业做大做强的制胜法宝之一。基于此，本文以某机械设备制造商为主要个案，介绍该公司贯彻落实企业知识产权管理标准化的过程方法，及其落实企业知识产权管理标准化所取得的成果。以期引起国内制造业企业对实施知识产权管理标准化的重视，科学、有序推动企业知识产权管理标准化在制造业企业的进一步贯彻落实。

关键词　知识产权　标准化　制造业

1　制造业企业知识产权管理标准化的必要性

制造业企业实施知识产权管理标准化是一个综合的系统过程，贯彻落实《企业知识产权管理规范》的必要性主要体现在以下方面。

1.1　激励制造业企业自主创新

知识产权制度是经济发展中，企业必须遵守的市场竞争规则，制造业企业做大做强，必将面临知识产权问题。制造业企业贯彻落实《企业知识产权管理规范》，有利于激发企业集体创新意识，调动制造业员工创造知识产权的积极性、主动性，有利于企业创新发展。

1.2　防范制造业企业海外知识产权风险

制造业企业通过贯彻落实《企业知识产权管理规范》，可以提高其专利风险防范意识，优化专利风险控制体系，从而减少企业知识产权风险。跨国公司利用知识产权，构筑专利壁垒，打压我国制造业企业的生存发展。制造业企业开拓海外市场要做到产品未到，专利先行。《企业知识产权管理规范》倡导国内企业开发海外市场时，组建知识产权联盟，共同应对海外"专利海盗"。

1.3　实现制造业企业知识产权保值增值

制造业企业贯彻落实《企业知识产权管理规范》，可以提高公司专利经营水平，增加公司知识产权收益，促进公司在知识产权质押融资、专利授权、转让和无形资产经营中取得更多的利润。

1.4　获得政府资助及申报项目

制造业企业贯彻落实《企业知识产权管理规范》，有利于企业通过国家高新企业认证、国家知识产权优势企业认证、国家专利导航等项目认证以及获取政府相关项目资助，从而有效地助力企业的技术进步和知识产权事业发展。

2 知识产权管理标准化在制造业企业的贯彻实施

本文以国内某机械设备制造商贯彻落实《企业知识产权管理规范》为例，具体阐述制造业企业实施知识产权管理标准化的典型做法。为实施企业知识产权标准化管理，该企业制定了公司《知识产权手册》，笔者认为该公司《知识产权手册》关键核心要点在于对知识产权的获取、运用和保护。

2.1 获取

产品管理部负责制定企业《知识产权获取控制程序》，确定知识产权的获得类型：专利权、商标权、版权等，以及获得方法；产品管理部负责帮助发明人、设计人等做好必要的信息检索和数据分析，按时处理有关的专利取得程序事宜，保证企业专利取得的合法性、有效性、及时性；负责保存专利的检索、分析、获取资料和专利授权的数据；企业负责给予发明人相应的物质和精神奖励。

2.2 运用

2.2.1 实施、许可和转让

产品管理部主要负责制定的《知识产权实施、许可和转让控制程序》，主要包括：按照国家有关法律法规要求，在公司的生产运营活动和市场交易的行为中，正确运营公司知识产权，有效推动和监控公司知识产权的合理运用，并正确评价公司知识产权对企业发展的贡献；在公司专利实施、许可或转让之前，针对公司的不同情形单独提出调整预案并做出正确评价，根据国家的有关法律法规处理有关事项。

2.2.2 标准化

产品管理部是企业知识产权管理标准化的主要责任机关，企业在组织知识产权管理标准化工作时必须符合下列条件：知识产权管理标准化的工作组织时，企业应遵循我国专利标准化制度并做好工作规划，经企业最高管理人员同意后，方可组织开展工作；对包含知识产权的企业技术创新措施，根据国家专利标准化政策的规定，做出必要的质量保证；企业在制定技术标准前，要组织完成知识产权标准化规定和工作流程。

2.2.3 知识产权联盟及相关组织

产品管理部是公司参与/组建知识产权联盟时的主责部门，在公司参与/组建知识产权联盟时，应满足以下要求：在公司参与/组建知识产权联盟之前，应熟悉联盟的知识产权政策，并认真评估利弊，报管理者决策意见；在组建知识产权联盟时，以企业自身知识产权现状为基础，综合考虑企业专利技术优势劣势，研究并制定联盟知识产权政策，以掌握联盟企业的行业话语权；在主要涉及企业专利交叉许可问题的联盟中，可围绕企业核心技术问题构建专利池，以开展联盟企业的专利合作。

2.3 保护

2.3.1 风险管理

产品管理部是企业专利风险管理的主要负责机构，负责制定《知识产权风险管理控制程序》，并做好企业专利风险的预警、评价与预防。产品管理部负责进行以下方面管理：企业采用专利信息检索、预警分析的方法进行知识产权风险研究，以防止侵害他人专利；企业在购买设备、软件产品前，对销售企业的专利状况进行充分考察，以防止购买伪造、盗版、专利造假的商品。

2.3.2 争议处理

风控部是专利纠纷解决的主责机构，负责制定《知识产权争议处理控制程序》，对以下工作进行安排：企业各部门发现专利权被侵害的状况，应及时报告风控部，经风控部综合判断后，应及时采取行政和司法手段维护企业的知识产权；在解决专利争议中，风控部通过联合部门选聘法律顾问，综合考虑起诉、仲裁、协商等各种争议解决途径，选择对企业损失最小的纠纷处理途径，尽可能减少企业经济损失并维护品牌形象。

2.3.3 涉外贸易

营业部负责对外贸易中的知识产权相关工作，开拓公司海外业务时，在产品管理部的协助下，了解公司国外市场的知识产权法律、政策，并了解相关诉讼流程，同时分析公司可能存在的专利风险，并起草《产品输出国（地区）法律法规状况报告》。根据调查报告，产品管理部及时地对输出国产品进行专利申请和商标注册。公司对在国外出售的有关专利商品，营业部要及时采取相应的保护措施，包括在知识产权海关备案等，并建立了《知识产权海关备案记录》。涉及技术出口，需按照我国法律办理相关审批手续。

3 制造业企业知识产权管理标准化初见成效

本文以某机械设备制造商贯彻落实《企业知识产权管理规范》，实施情况为例，具体讲述其贯彻落实《企业知识产权管理规范》一年来取得的成效。

3.1 制造业企业自主创新能力增强

其机械设备制造商认真落实企业《知识产权手册》，执行《知识产权获取控制程序》，企业知识产权获取能力增强，加强专利布局，对潜在的目标市场进行专利技术储备。《知识产权手册》自生效实施一年多以来，通过对员工知识产权成果的物质奖励和精神支持，对知识产权获取程序的认真执行，企业知识产权获取能力显著提高。公司现有专利61件，其中，8件为贯标后申请。

3.2 知识产权联盟初步建立

制度实施以来，产品管理部根据公司专利布局情况和国内专利技术竞争形势分析，找出公司的技术难点和空白点，有针对性地与国内竞争对手沟通，协调组建专利联盟。目前已达成初步协议，计划共同应对国内外知识产权风险挑战，适时联合开拓海外市场。

3.3 海外市场开拓初见成效

营业部贯彻落实公司《知识产权手册》，对海外市场知识产权壁垒和风险进行评估分析后，目前主要把海外市场放在东南亚地区。针对在欧美等发达国家，已开始海外专利储备，下半年开始进行专利布局，进行PCT专利申请，做到"市场未动，专利先行"。

3.4 启动海外知识产权风险预警分析与应对措施

对未来几年将要开拓的欧美目标市场，风控部已开始对海外知识产权法律、政策进行调查研究，调查行业相关诉讼情况，分析可能存在的知识产权风险，做好应对计划。计划包括：通过专利无效抗辩，不侵权抗辩等多渠道积极应诉；适当购买专利许可，交叉许可等方式为公司开拓市场做好知识产权储备；通过专利反诉与海外竞争对手和解等途径，力争高效率、低成本化解可能会发生的海外知识产权纠纷。

4 知识产权管理标准化对制造业企业的启示

4.1 制造业产品更新换代离不开标准的修订和提高

自我国加入WTO之后，标准化认证已形成了国内企业和全球客户间的重要纽带。我国制造业企业要想在更广领域、更大范围以更高水平参加国际竞争，就需要尽早将《企业知识产权管理规范》纳入我国的企业规章制度系统，从而促进其在企业生产经营领域推广实行，以强化企业知识产权的创新、使用、维护、经营能力，以打破外国的科技垄断和知识产权障碍，是为我国培育高端制造业企业，由中国制造走向中国创造的需要。

4.2 制造业企业应加快贯彻落实《企业知识产权管理规范》

制造业产品竞争，是价格和质量的竞争，归根到底是制造技术的竞争，是制造业知识产权的竞争。如何将产品的价格竞争转化为知识产权的竞争，需要制造业企业认真做好知识产权的创造、运用和管理，将专利转化为标准，以获得经济利益最大化。应当努力使制造业企业对知识产权管理标准化更加重视，推动制造业企业加快贯彻落实《企业知识产权管理规范》。

4.3 强化制造业企业知识产权保护意识

制造业企业在贯彻《企业知识产权管理规范》时，应重视知识产权保护，争取做到"新产品未到，知识产权"先行，拥有一项专利就打开了一片市场，是我国制造业企业开拓海外市场的捷径。当前，应重点做好PCT国际专利申请，提前做好海外专利布局，通过专利布局打破国外专利壁垒，开拓海外市场。制造企业保护知识产权，就是保护自身市场，维护自身经济利益。

4.4 科学有序推进知识产权管理标准化

制造业企业知识产权管理标准化是一项严格的过程管理机制，贯标从方案制定到具体落实需要涉及企业从上到下全体员工，从管理人员到基层员工；各个环节，包括人力、财务、信息、研发、生产、销售共同参与。标准化与奖惩制度挂钩，使得标准能体现绝大多数员工的共同利益，能充分调动制造业企业大多数员工的积极性和创造性，有利于《企业知识产权管理规范》在企业的真正落实，成功地把专利技术、标准化工作、企业管理实践有机融合。制造业企业要更有效地推动《企业知识产权管理规范》的贯彻实施，并以此推动中国制造业的技术创新，有效推动中国制造业的专利创新、使用、管理与维护，促进中国由制造业大国迈向制造业强国。

参考文献

[1] 中华人民共和国国家质量监督检验检疫总局，中国国家标准化管理委员会．企业知识产权管理规范：GB/T 29490—2013［S］．北京：中国标准出版社，2013．
[2] 蒋星，程业昭．知识产权战略在中小企业中的应用分析［J］．林业机械与木工设备，2018，46（1）：48-51．
[3] 张俊．中小企业知识产权保护战略选择［J］．法制与社会，2017（26）：84-85．

作者简介：

王忠成，研究生学历、中国（烟台）黄金产业知识产权信息中心科长、研究实习员。研究方向为专利分析、知识产权管理。

马岩巍，本科学历、招远市消费者投诉中心，中级经济师。研究方向为知识产权标准化、地理标志。

杨玉梅，本科学历、中国（烟台）黄金产业知识产权信息中心副主任、副研究员。研究方向为专利分析、知识产权管理。

刘雪峰，本科学历、招远市消费者投诉中心，正高级工程师，研究方向为计量和标准化。

润滑油抗乳化性试验影响因素探讨

范士光　袁长春　刘珍珍　周玉叶　巩莉萍

(卡松科技股份有限公司)

摘　要　润滑油作为化工企业常用产品，在工业生产中发挥着举足轻重的作用，因此润滑油质量的好坏直接影响化工行业的发展。而油品的出厂检验检测尤为重要，抗乳化性指标作为油品的重要检测项目之一。如果在使用中掺入少量水分，会直接影响润滑油的性能，造成润滑油乳化，大大降低油品的润滑性能，甚至可能会直接威胁机器设备的安全运行，所以一定要重视该项目的检测工作。因此本文就润滑油抗乳化试验中的影响因素及改进方法进行论证。

关键词　润滑油　抗乳化性　影响因素

1　引言

润滑油的作用主要是减少部件之间的摩擦，同时具有密封、冷却、绝缘、防锈和清洗部件等作用。润滑油的性能包括运动黏度、闪点、凝点、倾点、密度、抗乳化性、泡沫稳定性、酸值、氧化安定性、空气释放值和润滑性等。这些性能和基础油、添加剂的组成都有很大的关系。运动黏度主要反映润滑油在一定温度下的流动性，黏度指数是反映油品随温度变化黏度的变化情况，黏度指数越大，润滑油黏度随温度变化越小，反而黏度指数越小，黏度随温度变化越大。抗乳化性主要反映油品的水分离能力，抗乳化性好的油品设备在运转过程中一旦进水就能够将其很快地分离出来，从而确保油品的各项性能。因此在不同的工作环境下应关注油品的不同质量指标，来保证设备的正常运转。

目前，在我国国内石化行业大部分采用《石油和合成液水分离性测定法》(GB/T 7305—2003)[1]测定润滑油抗乳化性能。在实际测定工作中，除了仪器、设备等影响外，同时试验浴温、量筒、蒸馏水、转速、搅拌叶片、微量残存等也是影响因素。

2　试验仪器和试验材料

试验设备主要是抗乳化分离性测定仪（温度控制精度±1℃，转速1500r/min），水浴应具有足够的大小和深度，可同时插入至少2个量筒，且水面需浸没到量筒的85mL处，水温控制精度为±1℃，过低或过高都可能会影响分离时间，从而造成试验数据不准确。量筒为100mL耐热玻璃，范围在5~100mL内，分度值为1.0mL，刻度上任意点误差不大于1mL。试验用水严格按照国家标准制得的蒸馏水，试验叶片清洗用符合标准的石油醚和无水乙醇。

3　试验数据及分析讨论

3.1　搅拌器连杆和叶片的影响

3.1.1　搅拌器的连杆直径的影响

下面主要讨论搅拌器中连杆的直径对破乳化试验结果的影响分析。在使用一台全新的石油和合成液抗乳化性能试验器进行试验过程中发现做出的试验数据有问题。以合成脂类油品为例，以往的正常试验结果在 10min 以内，这台仪器做的结果近 30min，明显不符合本油品的指标，经过查阅国标和各类关于破乳化仪器的影响因素分析，发现标准对搅拌器连杆的直径有严格要求，直径为 6mm。用卡尺测量的实际直径约为 8mm。因此做了三组对比试验，通过数据不难发现，连杆的直径对抗乳化性能有很大的影响，润滑油抗乳化结果变化差异明显，其数据见表1。

表 1 连杆直径对抗乳化性能的影响

连杆直径	1	2	3
8mm	29'34"	27'54"	27'30"
6mm	5'11"	4'37"	5'21"

3.1.2 搅拌器叶片的影响

叶片的形态和边缘不光滑有毛刺对试验数据有影响，弯曲状态和边缘毛刺的叶片在高转速下对试样的剪切力更强，有可能破坏了液体间的表面张力，乳化状态破坏得较为严重，因此对分层时间会造成或多或少的影响。叶片经过打磨和修正后，叶片的四周边缘更为平整光滑，当叶片转动搅拌时，试样能够均匀的形成乳化状态，相互之间的剪切力小一些，乳化现象更均匀，分层时间会更加客观准确。

3.2 蒸馏水的影响

实验室用水都应该完全符合国家标准《分析实验室用水规格和试验方法》（GB/T 6682—2008）的二级蒸馏用水标准，对试验用水的电导率、吸光度、氧化物含量、蒸发残渣和可溶性硅等均有要求，在水质发生变化时，对试验结果会造成偏差，导致数据偏高或偏低。在实验室内存放蒸馏水的容器一般采用聚乙烯容器，如果长期与蒸馏水接触，可能会使蒸馏水受到污染，影响到油品关键指标的测定。此外，蒸馏水的存放时间不宜太长，应及时更换新的蒸馏水，在存放过程中避免接触到酸性或碱性物质，以免影响到 pH 值，造成水质的污染，从而对样品抗乳化性影响较大。

笔者用不同的蒸馏水对同一油品进行检测，结果相差很大，通过对蒸馏水的电导率项目的试验，由试验数据不难发现，尽管都是符合国家标准《分析实验室用水规格和试验方法》（GB/T 6682—2008）标准的二级用水，但这两种蒸馏水电导率的测定结果完全不一样，见表2。

表 2 不同蒸馏水对抗乳化性能的影响

蒸馏水	1号	2号
抗乳化性（40-37-3mL）(min)	8	25
电导率（μS/m）	1.02	80

3.3 转速对抗乳化性能的影响

在《石油和合成液水分离性测定法》（GB/T 7305—2003）标准中要求，仪器的马达转速应为（1500±15）r/min，试验过程中转速过高或过低，产生的剪切力不同，因此试样的表面张力不一样可能会造成乳化分层时间的影响。在日常使用仪器时，应严格按照产品操作规范进行，并定期对仪器进行校准，做好其维护保养的工作，以保证试验的可靠性和准确性。

3.4 量筒内壁及叶片微量残留物质的影响

不同的油品抗乳化性能不同，甚至差异很大。如果不及时清理残存物质，可能会对试验结果有一定影响。试验量筒应严格按照清洗步骤清洗，直至内壁不挂水为止。叶片用石油醚和乙醇依次清洗，等待自然干燥后再用。试验过程中发现：上一次试验结束后清洗不彻底，量筒内壁有少许油珠进行下一次试验抗乳化性明显变差。

4　结论

抗乳化性能是润滑油检测中关键的质量指标之一，因此在实际检验检测工作中应严格按照《石油和合成液水分离性测定法》（GB/T 7305—2003）标准进行，检验检测人员应经过规范培训上岗，并持有化学检验员上岗证和其他项目所需证书，其次，要保证实验室环境及各项仪器设备都满足试验标准的要求，避免在实际工作中出现不规范造成的试验误差。从以上分析因素来看，蒸馏水的电导率和pH值、搅拌转速、量筒、叶片微量残存及转速等可能对试验数据有负面影响。同时在设备清洗、维护和保养时，应及时将仪器风干，以免残留物对试样抗乳化分层造成不必要的干扰。

参考文献

[1] 中国石油化工集团公司．石油和合成液水分离性测定法：GB/T 7305—2003[S]．北京：中国标准出版社，2003．

作者简介：

范士光，男，助理工程师，毕业于烟台大学，从事工业润滑油研究检测分析工作。
袁长春，男，中级工程师，主要负责实验室及体系质量管理等工作。
刘珍珍，女，助理工程师，从事基础油以及添加剂的分析研发工作。
周玉叶，女，助理工程师，毕业于济南大学，从事润滑油及添加剂研究分析工作。
巩莉萍，女，助理工程师，从事工业基础油及成品的检测分析工作。

地勘单位办公楼消防安全管理对策研究

张 扬[1] 张永利[2]

(1. 中国冶金地质总局山东正元地质勘查院；2. 正元地理信息集团股份有限公司)

摘 要 地勘单位办公楼内存放的资料、报告等易燃物质较多，消防管理不到位易引发火灾。本文从疏散设施、配电线路、办公设备、职工食堂、档案库房、人为因素等六个方面分析了消防影响因素，并根据分析结果制定了管理对策，对于地勘单位办公楼消防安全管理具有一定参考意义。

关键词 地勘 办公楼 火灾 分析 研究

1 前言

地勘单位办公楼内人员较多，工作时间长，存有较多的纸张、报告等易燃物品，稍有不慎就可能造成火灾，此外消防设施的运行缺陷、配电线路的故障，以及食堂、档案馆等火灾高发场所的疏于防范都有可能酿成大的灾祸，可以说是火灾隐患无处不在，防不胜防。如2008年2月21日，韩国政府综合办公大楼发生火灾，造成电脑里资料受损。因此，有必要结合地勘单位办公楼消防实际开展安全管理对策研究，降低火灾事故发生概率。

2 消防影响因素分析

2.1 疏散设施

目前地勘单位新建办公楼消防管理不到位[1]，楼层多、垂直疏散距离长、人员高度集中，消防疏散设施不能始终保持正常状态，存在安全疏散设施设计缺陷、设置防火分区不规范、疏散楼梯防烟封闭不到位、老办公楼楼梯踏步宽度不够、疏散出口数量不足、部分安全出口上锁、多数疏散通道严重堵塞等问题。火灾发生后易导致人员恐慌、混乱、拥挤，烟气和火势竖向蔓延，不利于疏散，易造成较大的人员伤亡和财产损失。

2.1.1 火灾自动报警系统

地勘单位自动报警系统可能存在的问题主要有：火灾探头超过使用年限，探测灵敏度降低或失效[2]；不定期检查维护报警控制器和声光报警器，造成带病运行；探测器不定期清洗，灵敏度低，经常误报造成人员的麻痹大意或恐慌情绪等。

2.1.2 灭火系统

地勘单位办公楼安装了自动喷水灭火系统和室内消火栓系统。目前普遍存在的主要问题有：消防水泵压力较低，不能满足喷洒需要；喷淋泵启动水位过低等。

2.1.3 防烟排烟系统

通过对以往火灾死亡数据分析可知：烟熏中毒窒息死亡人数占比可达80％左右，建筑中防排烟系统的设置和有效运行十分重要[3]，因此，应定期对办公楼防排烟系统进行检查，确保其正常运行。

2.1.4 应急广播及照明

应急广播的作用是在火灾发生时及时为人员提供逃生信息，提高疏散速度。根据CIE（国际照明委员会）的测试结果，人在低照度下极易碰上障碍物，照度越高人的行动敏捷性越好，不低于1llx情况下较为满意，因此，要加强应急广播和应急照明设备的巡检。

2.2 配电线路

电气设备一旦发生火灾，将对人员疏散、火势控制造成致命影响[4]。随着信息化、集成办公自动化技术的发展，越来越多的电气系统和电子设备被设置在办公楼中，系统和设备的安装配电室通常较为狭小、线路较多、发热量大，线路老化快，因供配电系统漏电和短路造成的电气设备火灾发生概率较大。

2.3 办公设备

地勘单位办公楼室内插座数量较少，为满足绘图仪、扫描仪、电脑、打印机等办公设备需要，普遍都要加接多头插座供电[5]，所用插座多数质量低劣，且插座板接用的电气负载较大，插座板的插头、插座极易因接触面积和压力不足，造成接触不良、接线不正规等原因而导致异常高温或打火，导致电气设备火灾的发生。

2.4 职工食堂

地勘单位为方便职工就餐，多在办公楼内设置食堂，某些单位食堂内设置的包间因隔声需要一般较为密闭，装修材料多为非阻燃材料[6]，非阻燃材料在燃烧时可产生大量有毒烟雾，且火势蔓延途径多、速度快，造成着火区域能见度极低，逃生疏散困难，易导致人员拥挤踩踏伤亡。

2.5 档案库房

地勘单位在日常工作中使用的纸质资料较多，有大量资料档案需要长期保存，一般都在办公楼内设有档案室或档案馆，存有大量的文献资料。纸张等档案载体均为可燃物质，火灾荷载较大，易导致大面积起火。另外，纸质档案进行消毒处理后将在内部蓄积一定的热量，容易发生隐蔽性阴燃，并且在火灾扑灭后极可能出现二次燃烧，增加火灾扑救难度。

2.6 人为因素

据统计数据表明，80%的火灾是人为因素造成的，地勘单位办公楼消防安全管理存在以下人为问题：一是消防安全法律意识淡薄，为节约成本，违法委托非正规设计单位设计，削减消防设施投入，增加潜在火灾隐患。二是消防安全主体责任落实不到位，消防安全管理人不明确，消防安全责任不清，值班人员因工作时间长，待遇低频繁更换调动，不能满足火灾应急处置要求。三是消防设备设施安全检查不及时，消防控制器、供水管线等检查维护、清洗不及时，导致消防控制器故障、供水管线跑冒滴漏。

3 管理对策

从思想上重视，从责任落实和日常消防管理上下功夫，通过管理建立健全消防责任体系，更新检查方式方法，提升干部职工消防意识，保持消防设备设施处于正常良好状态。

3.1 应急支持

应急装备包括灭火、破拆、逃生等工具[7]，办公楼每层都应当按照相关规定配备数量充足的手提式或推车式灭火器，消防斧、撬杠等破拆工具。强化应急实战演练，通过配备烟雾发生器、声光模拟器等硬件提升演练环境真实性，增强参与人员体验。

3.2 检查维保

办公楼消防设施在使用中存在性能老化、管理不善等人为损坏或关闭的情况，在消防管理中应进一步明确单位建筑消防设施管理责任[8]，全面落实消防安全责任制，确保建筑消防设施维护保养、定期检测制度落实到位，制定日、周、月、季、年维修保养工作计划，严格按照规程标准要求对消防设施设备进行维护，委托具备相应资质且信誉度良好的专业机构定期进行设施设备检测，建立健全维修保养记录。

3.3 宣传教育

3.3.1 消防宣传

运用自媒体、网站、宣传册等多种载体，丰富消防安全宣传形式，强化消防安全文化理念普及和宣传引导，加大消防安全法律法规宣传贯彻、典型事故案例分析、火灾隐患辨识排查能力提升和违法违章行为处罚曝光力度，通过全方位消防宣传提升职工消防安全意识，增强参与消防安全管理的主动性。

3.3.2 教育培训

一是用综合教学法替代以往单一讲授法，采用案例教学、模拟演示、实际操作等方法强化互动教学，增强培训效果，组织人员到消防教育培训基地参观，了解消防设施工作原理，掌握操作程序和方法，实操各类消防设施。二是结合消防管理实际明确培训侧重点，紧密结合本单位办公楼火灾危险性，分层次、分等级、分阶段精练培训内容，侧重消防安全责任人、管理人培训安全疏散组织指挥、初起火灾扑救应急处置程序演练培训，自动消防设施值班操作人员和保安员实际操作能力培训。三是注重培训效果的检验，通过考试检验培训的质量和效果，同时增加对实际操作能力的考核，建立健全培训人员档案，加强培训管理，为参训人员发放征询意见表和调查问卷，建立课后反馈和意见建议收集机制，改进提升培训效果。

3.4 重点防控

在办公楼日常消防安全管理中，要在全面兼顾对火灾易发区域和事故类型进行重点防控的基础上，做好档案馆火灾、职工食堂火灾和电气火灾的防范工作。

3.4.1 档案馆火灾

一是有迅速有效扑灭初起火灾，提升灭火剂实际灭火能力，结合实际选用配备适合类型灭火剂。二是确保残留物不损坏馆藏资料、设备，选用灭火剂应满足环保要求。三是满足实际需要的同时充分考虑经济适用性，防火分区按照档案馆不同功能区间要求设置。四是严格档案库区动火、用电管理，安装漏电安全保护装置，加强档案库、计算机房日常消防巡检，配电线路穿金属管或采取暗敷保护。

3.4.2 职工食堂火灾

重点关注灶台、集油烟罩、排烟管道等厨房热厨加工设备，食堂以满足就餐需要为核心，减少核心功能以外的其他附属功能，选用灭火剂时应采用无毒、无污染、无腐蚀性的专用灭火剂。

3.4.3 电气火灾

一是定期巡查巡检电气线路、设备运行情况，防止电气设备负荷过大、超负荷运行，及时处理破损断股线路，采取防护措施防止小动物进入，避免跨接短路事故。二是充分考虑负载电流和设备散热条件，正确选择安装电气设备和用电负荷导线。三是重点加强过负荷或短路保护，合理选择电气设备型号和保护装置，负荷过大或短路时能够及时切断电源。

4 结论

4.1 档案库房、疏散设施、配电线路、职工食堂、办公设备、人为因素等是办公楼消防主要影响因素，应重点加强管控。

4.2 地勘单位办公楼消防安全管理应重点关注档案馆火灾、职工食堂火灾、电气火灾等，从应急支持、检查维修保护、宣传教育、重点防控等四个方面着手。

4.3 地勘单位办公楼消防安全管理对策是根据消防影响因素分析结果制定的，具有较强的适用性和可操作性，但仍应在消防安全管理中不断完善。

参考文献

[1] 侯国义. 档案馆火灾危险性及其预防措施 [J]. 科学之友, 2011, (8): 137-138.
[2] 万良军, 张从科. 电气火灾产生的原因及防范对策 [J]. 黄河水利职业技术学院学报, 2009, 21 (3): 33-35.
[3] 曾德慧. 高层建筑低压配电系统漏电的火灾危险性及其防范措施研究 [J]. 科技信息, 2010 (29): 742-788.
[4] 王鑫晔. 某框架结构办公楼火灾后安全性检测鉴定 [J]. 低温建筑技术, 2011 (5): 27-29.
[5] 汪翊飞. 浅谈电气火灾的成因与防护 [J]. 河北工程技术高等专科学校学报, 2010 (4): 30-32.
[6] 牛少军, 解学洲. 浅析建筑消防设施的现状、问题及对策 [J]. 中国安全生产科学技术, 2011, 7 (9): 139-143.
[7] 欧阳锋, 解学洲. 建筑消防设施管理中存在的问题及对策 [J]. 安阳工学院学报, 2011, 10 (4): 54-56.
[8] 杨洪涛, 周静, 孟智. 高层建筑设置防排烟系统的重要性 [J]. 低温建筑技术, 2004 (2): 28-29.

作者简介：

张扬，1984年生，男，山东曲阜人，地质工程高级工程师，注册安全工程师、一级安全评价师，全国非煤矿山安全生产专家、山东省应急管理专家、山东省自然资源专家。主要研究方向为地质勘查应急管理、安全系统评价和安全工程技术应用。

张永利，1979年生，男，河北易县人，中级安全工程师，注册安全工程师、国家ISO质量、安全、环境体系审核员，主要研究方向为机械制造和测绘地理信息服务单位安全生产标准化、企业安全文化建设、一线员工安全教育培训等。

实施农业标准化 提升农产品质量水平

石广革[1] 张文亚[2] 李鲁盼[3]

(1. 菏泽市食品药品检验检测研究院;2. 菏泽市市场监督管理局;
3. 菏泽市药品不良反应监测中心)

摘 要 加强农业标准化工作,是保障农产品质量安全、推动农民科学致富、推动农村经济可持续发展的一项重大举措。近年来,经过农牧业等有关部门的大力支持,稳步推进农业标准化取得明显成果。文章通过对实施农业标准化的重要性、当下菏泽市推行农业标准化的现状,以及如何有效推进农业标准化来提升农产品的质量等问题进行探讨,希望能为我国农业标准化工作的深入开展提供借鉴。

关键词 农业标准化 农产品 质量

1 前言

农业标准化是促进农业产业化,提高农产品质量和竞争力,实现农业增效增收、农民富裕和助力乡村产业振兴的重要抓手[1]。实施农业标准化是提高农民收入的重要手段[2]。当下发展农业需要高水平的农业标准化[3]。推行农业标准化,对于提升农业的总体效益、帮助农民以科学的方式致富、推动农村的稳定发展都有着十分重要的作用[4]。

2 推进农业标准化生产

2.1 农业标准化的定义

农业标准化旨在提高农作物、森林、畜牧和水产养殖的质量和效率[5]。农业生产应该遵循市场的发展趋势,并制定完善的工艺流程和评估指标。农业标准化的核心目标是落实国家的政策和法规,制定并执行农业标准,确保其符合环境、质量、安全等要求,并加强对其实施的监督管理。

2.2 实施农业标准化的必要性

2.2.1 农业标准化是农业产业化的基础

产业化是现代农业的发展方向,农业产业化的突出特点是突破了传统农业生产,将标准化生产应用于农业,使农业实现了工业化、规模化生产。农业标准化促进农业技术的高效转化,有助于大力发展农业经济[6]。通过建立基于农业技术标准的合作关系,农产品生产、收购和销售单位可以建立起一个具有风险共担和利益分享的、具有较大规模的经济联盟。农业要实现工厂化、产业化大生产,其产前、产中、产后等操作管理环节都需要有具体可行的标准作依据,农业产业化生产迫切需要农业标准出台,也给农业标准提供了可施展的空间。龙头企业(农业合作社)以其不可替代的作用应运而生,龙头企业(农业合作社)按市场化的要求,以农业标准体系为基础,与农民签订生产收购合同,对农产品生产在基地选址,栽培(饲养)、化肥、农药、饲料使用,包装收购检验等方面制定出统一管理模式，建立生产基地和社会化服务体系从而生产出规格化、标准化高质量的农产品。

2.2.2 农业标准化是确保农产品质量安全的可靠保障

卢良恕等认为，推行农业标准化，使农产品在量与质上都有很大提高[7]。随着人们的生活越来越好，日益增长的农业消费需求使农产品质量安全保证成为社会重视、群众关注的热点问题，但是影响农产品质量、品质和安全的隐患却不能忽视。在种植、养殖环节片面追求产品数量，过多使用化肥、农药、激素、饲料添加剂，在生产加工环节使用不合格的原材料、食物添加剂与危险材料的滥用，造成了农产品的污染和中毒事件。

农产品的标准化生产中原产地的选择：制定了周边无污染源、农田空气、土壤和灌溉用水的环境质量指标；在生产过程中，从选择好的品种到培育方法，新工艺的应用、应用设施、收割（宰杀）等制定了工艺操作程序；在投入物使用方面，从用于增肥的药物（饲料）的类型、剂量、数量、时间、方法等规范制定了应用指导方针；从产品的收获、处理、打包、储藏运输、出售都有平台的规定；在质量方面，采取了技术培训、产品检验、标识管理、生产记录、编入档案等可追溯性措施。真正实现"从田到饭"的全程品质管理，从而实行产地环境标准化、综合整地标准化、农地营造标准化、生产工艺标准化、人力资本利用标准化、田间管理标准化、收割储藏运输标准化、产品处理标准化、货物包装标准化、工艺记录标准化等。

由此可见，农产品质量安全的执行也是实现农业标准化的一个过程，其每一部分都有明确的可操作的标准，故实行农业标准化是农产品质量安全的保证，实施农业标准化才能确保农产品的质量和安全。

3 菏泽市推进农业标准化生产的现状

3.1 推进农业标准化取得的成效

通过实施农业标准化，我们可以促进现代农业的发展，并增强农产品的市场竞争力[5]。近年来，随着农产品质量安全监督的持续加强，大力发展农业生产，推行农业生产标准化和品牌建设，这将极大地促进菏泽市农业的发展。截至目前，在标准化方面，主导或参与制定农业类行业标准、地方标准十余项，创建国家级农业标准化试点项目15个，省级农业标准化试点项目29个；在质量品牌培育方面，全市共培育涉农类山东名牌产品11个，省长质量奖2个，市长质量奖5个，拥有东明西瓜、曹县芦笋、巨野大蒜、巨野甲鱼、菏泽牡丹、成武大蒜、鄄城鲁锦、菏泽木瓜、单县罗汉参等地理标志农产品。

3.2 推进农业标准化工作中面临的问题

一方面，农村农业合作社等农业生产主体对标准化生产认识不足。有些人为了扩大种植面积，提高产量，加快销售速度，而产生了"小富即安"的心理；还有一些人，以为只要"种瓜种菜"、只要能销售，有没有标准都是一样的，并没有将标准化看作是扩大市场的一种行之有效的方法。

另一方面，地方政府对农业标准化的重视程度不够。部分县区抓农产品质量的意识还不够强，总认为标准是虚指标，见效慢，看不到高标准对农产品质量特别是品牌建设的推动作用。

4 如何实施农业标准化来提升农产品质量

4.1 建设农产品生产基地，用标准化模式组织农业生产

生产企业要选择生态环境好，交通水利方便，水土气等指标符合环境质量要求的地区建造自己的

农产品生产基地或通过合同把企业和农户（种植户或养殖户）的共同利益有机结合在一起，按照"公司＋基地＋标准＋农户"的产业化经营模式，在生产基地或其依托的农户中统一技术标准和工作标准，按模式化的标准进行作业，用标准规范种植、养殖，生产操作，为企业提供合格的货源，最终在市场、企业、农户的产业链中，标准作为交货的依据，把几个环节紧密联结在一起，使标准成为自觉行为。

在基地和其依托的农户中，实行统一供种苗（幼畜禽）、统一供农药化肥（兽药饲料）、统一病虫防护（疾病防疫）、统一实施质量监控、统一标准收购加工的"五统一"管理。

在某一地区，对农副产品进行产前、产中、产后的标准化管理，是农业标准化的生命力所在。引导农民自觉贯彻执行农业标准，用标准化将分散经营、各行其是的农户用统一的标准来规范，从而生产出规格一致、质量显著提高的农产品。引导农民做好技术规范的工作，使分散的农户保证农业生产过程的统一性，从而保证农产品的质量，为农产品的进一步生产加工提供合格的原材料。

4.2 建立健全农业企业标准体系，提高经营管理水平

运用工业经营的思想，对农业产业化的整个过程进行管理。即以现代化的工业观念规划农业，以现代化的科技改造农业，严格按标准组织生产，确保农产品质量安全。在农产品生产与流通环节，要严格执行国家与行业标准。有能力的企业应制定更严格的企业标准，并吸收采纳国际或外国的先进标准，保证农产品的品质，增强在国内外市场上的竞争力。

4.3 推进农业标准化实施，加强农产品品牌建设

我国许多著名的农业产品，由于生产和处理不规范，品质良莠不齐，缺乏市场竞争力，没有形成品牌的优势。农产品在买方市场中的竞争，本质上是一场品牌之争。农产品品牌创建的基础是农业标准化，二者相辅相成、紧密相连。农产品品牌化，必然要在对资源、市场、科技、生产、管理、服务等进行充分论证的基础上，从优良品种、种（养）殖技术，一直到农产品加工质量、安全卫生、检验检疫、包装储运、生产资料的供应和技术服务的全部环节实现标准化管理，保障农产品品质和安全。基于这一点，故要建品牌、开市场、创名牌。

4.4 开展农业标准化试点示范项目建设，发挥龙头企业的示范带动作用

提高农业总体标准化程度，应探讨应用标准化的途径、发挥标准化的作用，总结可复制可推广的经验与标准成果，并开展的一系列相关联的活动[8]。一是开展农业标准化试点，在农业生产领域运用标准化原理和方法，来规范生产、经营服务、管理活动，促进转方式、调结构，探讨新的标准化方式与途径。二是以试验为依据，建立示范的农业标准化体系。在此基础上，将其在全国范围内推广，以达到示范引领、辐射、带动的目的。

通过标准化生产基地提供合格的农业原材料，通过标准化的生产加工出合格的农产品，通过符合标准的认证创造农产品品牌，实现农产品从农田、市场，再到餐桌的三个标准化，即种植养殖的标准化、生产加工的标准化、品牌创建的标准化。标准化在提升农产品质量、提高市场竞争力中的作用十分重要，农业标准化作为现代农业和农业产业化的主要标志，一定会为乡村振兴做出更大的贡献。

参考文献

[1] 巩惠. 农业标准化与农民增收的实证研究[D]. 南京：南京农业大学，2007.

[2] 郭广雷. 实施农业标准化促进农民增收：以上海市崇明县绿华镇柑桔生产国家标准化示范区为例[J]. 中国质量与标准导报，2012，1：14-17.

[3] 李常青，马明. 标准化与现代农业发展关系探析[J]. 现代农业科技，2010，19：351-352.

[4] 于冷,赵卓. 实施标准化 推进现代农业建设 [J]. 吉林农业大学学报,2008,30(4):640-644.
[5] 孙辉,李华,郭红. 推进农业标准化和提高农产品质量安全探讨 [J]. 现代农业科技,2020,778(20):210-212.
[6] 金爱民. 农业标准化作用与机理研究 [D]. 上海:上海交通大学,2011.
[7] 牛盾. 推进农业标准化 加快建设现代农业 [J]. 求是,2007,9:43-44.
[8] 张德新. 农业标准化体系建设路径解读 [J]. 江西农业学报,2007(3):128-130.

作者简介:

石广革,大学本科,高级工程师,菏泽市食品药品检验检测研究院副院长,研究方向为质量技术基础。
张文亚,大学本科,菏泽市市场监督管理局标准化监管科科长,研究方向为标准化管理。
李鲁盼,硕士研究生,菏泽市药品不良反应监测中心工作人员,研究方向为标准化管理。

标准化体系建设

赵玉峰　高振芳　张　莹　房　健　马　庆

（安丘市农产品质量安全管理服务中心）

摘　要　农产品质量安全一直受到全社会的关注，新时代下，农产品质量安全监管工作受到了新的考验。针对现阶段农产品质量安全监管存在的监管信息不全、标准化程度不高等问题，安丘市创新建立了以食用农产品"电子安全码"为核心的标准化农产品质量安全监管体系，系统性关联农产品种植、检测、交易、追溯、信用等方面信息，探索推动农产品质量安全全链条管控、全社会参与的良好局面。

关键词　农产品质量安全　标准化　监管体系

1　前言

农产品质量安全事关人民群众的身体健康和生命安全。近年来，从农田到餐桌的农产品质量安全深受全社会的关注，因此，对农产品质量安全监管的有效性也受到了新的考验[1]。为保证农产品实现全覆盖、全流程有效管控，多地应用以"一物一码"为核心的追溯监管系统[2-4]。但由于农产品状态散乱、追溯成本较高、缺乏全程追溯标准、消费者重视程度不高等问题[5-8]，导致现阶段农产品质量溯源应用进展缓慢。此外，农产品质量安全监管工作部门间配合较差和缺乏标准化质量安全监管体系，在一定程度上限制了农产品质量安全水平的进一步提升[9-10]。

安丘市农业资源丰富，年产优质农产品460多万吨[11]，盛产大姜、大葱、大蒜等优质农产品。近年来，为解决传统农产品质量安全监管中存在的监管信息不全、标准化程度不高、社会参与度不高、数据共享程度偏低等难题，创建以食用农产品"电子安全码"为核心的标准化农产品质量安全监管体系，探索推动农产品质量安全管理从传统管控到数字治理、从政府管理到社会共治的转变，着力打造全国最放心的农产品产销基地。

2　安丘市农产品质量安全监管标准化体系建设情况

2.1　搭建数字管理平台，摸清全链条主体信息

投资343万元，创新研发集普查、检测、监管、服务、考核五大功能于一体的农产品质量安全数字化综合管理服务平台，将全市所有农产品种植、加工、流通等业户情况，以及农业化学投入品生产经营单位信息全部纳入到综合管理服务平台，汇集生产经营主体信息、信用评价信息、农产品产地信息、农产品质量安全等内容。目前共收集整理全市1229个自然村种植信息420383条，90957个种植户、1335个农资门店、136个农村集市、34个农兽药生产企业和代理公司、9487个储存地窖、114家食用农产品保鲜库、148家扒葱洗姜厂、64家食用农产品生产加工企业的主体信息，摸清农产品全链条主体信息。

2.2 "测、监"一体联动，靶向锁定监管对象

创建"测、监"一体化联动机制，依托平台农业种植数据，分析研判农作物最适合的生长时间，科学制定抽样计划，实现抽样精准高效；制定实施抽样标准化规程，利用地理信息系统准确定位抽样地块，使用"农安宝"抽样 App，保障抽样过程规范、真实、记录可查；样品集中在果蔬农残快检实验室采用"定性精筛＋定量查验"精准检测，实施国内、国际双标准判定。2022年共完成70个果蔬品种抽样检测5万批次，国内、国际标准合格率分别达99.7%和99.4%。各监管部门、各镇街区共享检测数据，及时锁定重点监管对象，对重点农作物定向监督抽检，实现农产品生产过程安全有监管、有保障。

2.3 应用"电子安全码"，推动农产品安全社会共治

研究发现，对产自企业自有基地或者合作社的原材料一定程度上能够实现源头追溯，但对从农户、市场收购的原材料追溯能力较差[12]。为保证农产品实现全覆盖、全流程有效管控，为所有生产经营主体建立专属农产品质量安全电子"身份证"，即食用农产品"电子安全码"，该"电子安全码"包含主体信息、地块种植信息、农产品交易信息、抽样检测信息、监管执法信息等数据。通过监控"电子安全码"背后各环节的数据信息，能够实现全链条追溯，并为政府、市场、社会力量参与农产品质量安全监管提供了公共平台。目前，已将全市10万余个主体的日常质量安全监管状态与其专属"电子安全码"进行了实时关联。

2.3.1 实名制承诺达标

采用实名制认证方式，各农产品生产经营主体承诺达标后，即可申领"电子安全码"，该安全码动态记录与主体相关的基本信息、产品信息、抽检信息、监管执法信息以及产品交易信息。

2.3.2 追溯功能

在进行农产品交易时，买方可扫描卖方提供的食用农产品"电子安全码"，填写购买品种和数量，形成买卖记录。这些交易记录实时上传至综合管理服务平台，通过"查来源、寻去路"，根据后台信息链推断问题农产品的来源和去向，实现问题农产品信息可追溯。

2.3.3 探索社会共治途径

食用农产品"电子安全码"就是每个人的信用品牌。通过扫码，大众在购买过程中可一眼辨明生产经营主体的信用等级、农产品检测等质量安全情况，以此来监督卖方，充分发挥市场倒逼作用，规范生产经营主体行为。通过社会监督、市场倒逼，探索推动农产品质量安全社会共治新局面。

2.4 构建监管服务体系，打造标准化工作流程

针对农产品质量安全监管存在的堵点和盲点问题，统筹全市监管执法、检验检测和管理服务资源，探索建立上下联动、左右协同"直达最后一公里"的农产品质量安全标准化监管服务体系。

2.4.1 优化组织结构

高规格创新设立副县级的农产品质量安全管理服务中心，专职协调推进农产品质量安全监管服务工作。建立联动监管执法机制，厘清农业农村、市场监管、综合执法、公安等部门执法边界，消除监管盲区，开展集成式监管执法。将全市划分为14个农产品质量安全监管片区、1229个网格，镇长（主任）担任片长，每个网格落实一名食用农产品质量安全监管员，负责采集种植地块和作物等基础信息、监管种植户日常施肥用药、开展质量安全检测抽样、宣传农产品质量安全法律法规等，将监管触角延伸到田间地头，构建起全覆盖、无死角的农产品质量安全监管服务网络，有效解决农产品质量安全监管服务"最后一公里"问题。

2.4.2 建立标准体系

为保障农产品质量安全监管服务体系规范、高效运行，按照农产品质量安全相关的法律法规，制定了《食用农产品"电子安全码"管理办法》《食用农产品生产经营主体信用体系建设管理办法》《测、监一体化工作流程》《食用农产品抽样标准操作规程》《种植信息普查标准操作规程》《农残快速检测标准操作规程》《食用农产品抽样标准操作规程》等一整套标准化管理体系文件。开发应用"农安宝"抽样App，规范抽样流程，制定农安员日常工作考核办法，并按照制定的标准考核日常工作。通过问题反馈，不断改进工作流程，提高工作效率，形成一套标准、高效的线下工作流程。

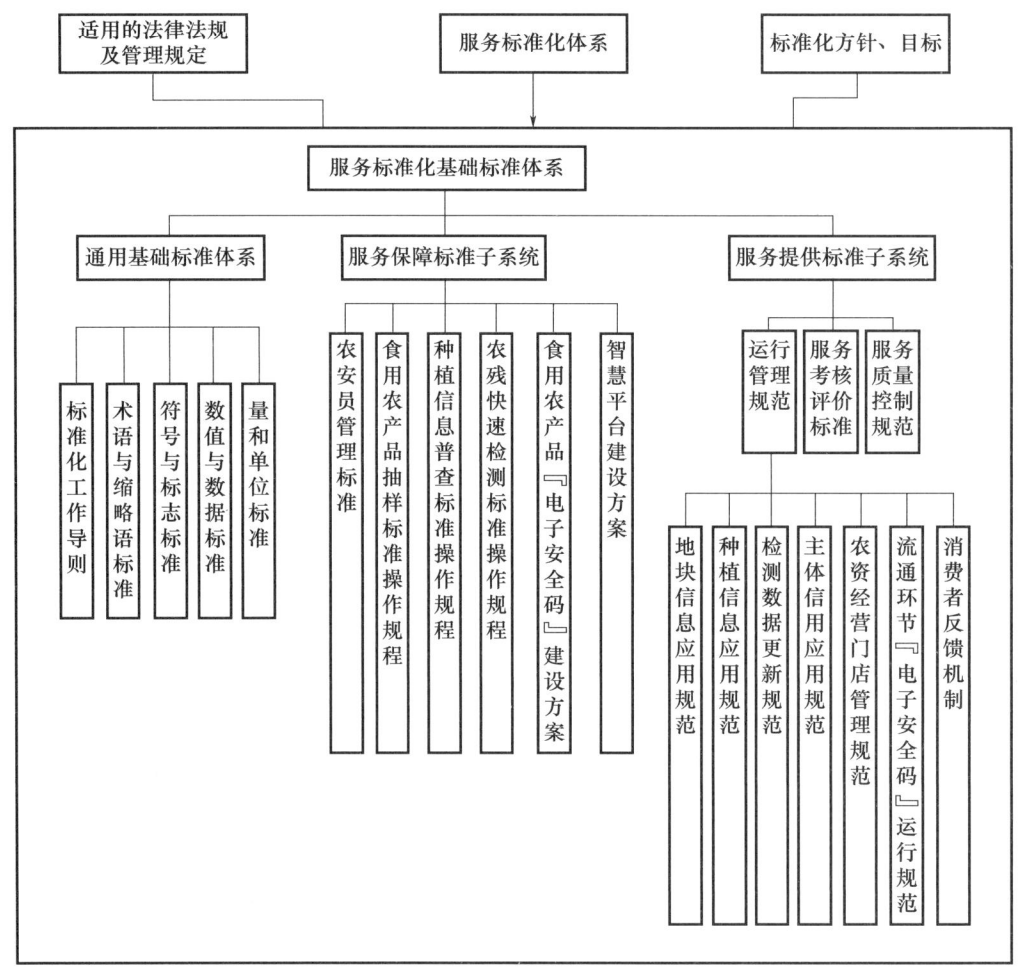

安丘市农产品质量安全监管服务标准体系框架

2.4.3 提高服务配置

组建108人的专职农安员队伍，设立14处基层农产品质量安全管理服务站，配备33辆流动食用农产品管理服务车，负责农产品质量安全普查、取样、监管、宣传和服务等一线工作。整合检测资源，提升检测能力，投资350万元新建日检测400余个农残样本的高标准果蔬农残快速检测实验室，创新117种农残快检方法，实现高效精准检测。

2.5 创新研判国际标准，提前排除潜在出口风险

安丘是农产品出口大市，年出口优质农产品70多万吨[11]。为了解决出口面临的技术性贸易措施这一主要障碍，创新性地将国外技贸措施研究与农产品监管有机结合起来，不仅在农产品抽检结果判定上考虑当时的国际标准，而且还超前研判国际标法修订情况，提前预警并排除潜在出口风险。

2.5.1 研判国际标准

大力建设潍坊食品农产品技术性贸易措施研究评议基地，跟踪关注、分析研判国外农产品信息通报、标准法规修订、检验检疫措施等动态信息，精准把握、预判国际标准变化，及时发布预警并为农产品质量检测提供准确的判定依据。

2.5.2 创新技贸服务

面向企业、基地，精准开展"因需施策"技贸服务，建立涵盖20多个国家和地区的常见出口农产品标准信息库，向当地或外地农产品出口企业、检测机构提供免费的标准咨询服务400余次，助力多家企业准确把握目标国农产品质量标准，成功开拓、稳定国际市场。

3 结论

3.1 在数字化监管方面的提升

通过建设应用数字化管理平台，实现了基础信息普查、抽样检测、监管执法等功能的数字化转变，有效解决了监管信息不全、数据共享互联度低、工作效率不高等难题，提升了农产品质量安全数字化治理能力。食用农产品"电子安全码"的应用，实现由对每件农产品监管向对生产经营主体监管的转变，为农产品全链条追溯提供了新的思路。

3.2 在标准化监管方面的作用

农产品质量安全监管标准化体系的构建与运行，有效解决了传统监管过程中的标准程度低、流程不规范、操作不统一的问题，在农产品准出与市场准入、农业部门与市场部门执法、本地与外地农产品监管等方面提供了相对统一的参考标准。

3.3 在推动全社会参与方面的意义

食用农产品"电子安全码"的推广使用可生成农产品流通消费大数据，结合自我承诺与政府监督，初步建立围绕农产品质量安全的信用制度与体系。研究认为，政府应完善各类环节让消费者参与到农产品质量安全管控过程中来，从而减少农产品信息不对称的问题，确保农产品质量安全[13]。"电子安全码"提供了由"买方"监督"卖方"的参与机会，鼓励社会公众形成自发的质量安全监督意识，将在一定程度上实现从政府主导到社会共治的转变。

参考文献

[1] 骆浩文，林伟君．基于信息对称的中国农产品质量安全监管体系构建探析[J]．农业展望，2017，13（8）：81-85．

[2] 邹宗根，余红伟．因势利导抓推进 按需定制促应用：建德创新推行农产品二维码追溯[J]．新农村，2021（12）：7-9．

[3] 马梅梅，王明录．宝鸡市食用农产品合格证和质量追溯二维码"二合一"模式推广实践探讨[J]．现代农业科技，2021（11）：236-237．

[4] 曾辉，蒋亮晶，李丽雪，等．基于一物一码的农产品溯源平台技术研究[J]．现代计算机（专业版），2017（30）：46-50．

[5] 黄红星，郑业鲁，刘晓珂，等．农产品质量安全追溯应用展望与对策[J]．科技管理研究，2017，37（1）：215-220．

[6] 董刚，黄洁，郝丽红，等．我国农产品质量安全追溯体系应用现状及对策浅析[J]．南方农业，2022，16（1）：125-128．

[7] 陈娉婷，张月婷，沈祥成，等．中国食用农产品追溯标准体系现状及对策［J］．湖北农业科学，2021，60（22）：190-194，200.
[8] 梁飞．信息价值感知、追溯行为与农产品质量安全追溯：基于试点追溯农产品苹果消费表研究［D］．郑州：河南农业大学，2021.
[9] 周贤明．农产品质量安全监管问题与对策探究［J］．南方农业，2020，14（11）：181，183.
[10] 冯广军．中国农产品质量安全行政执法体系研究［D］．北京：中国政法大学，2010.
[11] 蔚晓贤．安丘：全力打造绿色食安健康城［J］．中国食品药品监管，2017（11）：2.
[12] 周洁红，胡剑锋．蔬菜加工企业质量安全管理行为及其影响因素分析：以浙江为例［J］．中国农村经济，2009（3）：45-56.
[13] 费冰雁．平湖市农产品质量安全追溯体系现状及发展研究［D］．上海：上海海洋大学，2021.

作者简介：

赵玉峰，本科，农业经济师，主要研究方向为农产品质量安全。
高振芳，本科，农业经济师，主要研究方向为农产品质量安全。
张莹，本科，工程师，主要研究方向为农产品检测。
房健，本科，工程师，主要研究方向为平台建设。
马庆，研究生，工程师，主要研究方向为国外标准研究。

企业知识产权标准化建设及高价值专利培育

杨 恒

[亚太森博（山东）浆纸有限公司]

摘　要　企业知识产权标准化建设有助于提升企业知识产权管理、创新水平，加强高价值专利的培育、产出能力，帮助企业创造更多的高价值专利技术，提升企业产品的市场竞争力，发挥知识产权和标准化在企业创新发展和转型升级中的引领、带动作用，助推企业实现高质量、可持续发展。本文提出企业知识产权标准化建设及高价值专利培育的几点构思和策略，以期为企业知识产权管理及标准化工作提供一些思路和启发。

关键词　知识产权　标准化　高价值专利

据国家知识产权局统计数据显示，2022年全国授权发明专利79.8万件，实用新型专利280.4万件，外观设计专利72.1万件。截至2022年年底，我国拥有的有效发明专利数量已达421.2万件。世界知识产权组织（WIPO）最新发布的《世界知识产权指标》报告也显示，2022年我国有效发明专利数量已经位居世界第一[1]。在当前科技竞争越加激烈的情况下，企业作为创新发展主体，知识产权与标准化的创新及完善显得尤为重要，也是我国实施创新驱动发展战略的必由之路[2]。

知识产权标准化建设不仅能够使企业有效规避侵权风险，保证生产经营安全，增加产品市场附加值，增强企业核心竞争力，同时还能提高员工发明创造的积极性和主动性，激发人才的创新活力。企业建立及完善知识产权标准化体系，对企业技术进步和深入挖掘高价值专利，增强知识产权支撑企业创新驱动发展的能力，实现企业高质量发展具有创新、引领作用。

本文立足于企业，探索知识产权标准化体系建设及高价值专利培育的理论方法与具体实践，着重论述企业知识产权标准化工作当中的实施措施、问题点与解决方法。

1　企业知识产权方针和目标

知识产权方针是企业整体方针和战略协调的一部分，是企业内部知识产权管理体系改进的重要手段。在企业知识产权实务工作中，也可以考虑结合企业自身标准化体系建设的实际情况，将知识产权管理体系与企业质量、环境、职业健康安全管理体系进行融合，建立更适宜企业自身标准化管理的简洁、高效、适用的融合体系[3]。

知识产权目标一般实行分层设定，包括企业总体目标、各部门目标。总体目标的设定需要考虑国家法律法规要求、企业以及所处市场的当前和未来需求、管理评审的相关结果、现有产品的性能和过程绩效、技术创新程度和竞争优势、针对竞争对手的分析和评估，以及知识产权风险、可选择的技术方案、财务、运行和企业经营要求等。企业知识产权方针和目标的制定尤其要注意符合知识产权管理方面的法律、法规及相关要求，并确保相关要求的落实。

2 企业知识产权标准化要求

2.1 总体要求

企业可以结合自身实际,科学制定知识产权管理规划,建立完善行之有效的激励政策,加强知识产权权属管理,积极开展知识产权产业化运作;设定可达到且具有挑战性的知识产权目标,并保持持续改进的途径[4]。

在标准化体系建设过程中,企业相关部门应建立和保持适当的沟通渠道,并建立与体系运行相适宜的持续改进机制,确保知识产权标准化体系的充分性、适宜性、有效性。

2.2 标准化文件要求

企业可以根据知识产权管理体系要求,结合自身实际情况,建立并完善知识产权管理手册、控制程序、表单文件等。在执行过程中,需要注意对上述文件所需沟通的内容、途径及方式等予以明确,确保相关信息得到有效沟通。

企业内部各部门需要注意识别、建立、保持、收集、整理知识产权业务过程所要求的记录。记录表单的制定、使用、借阅、批准、发布等应遵循管理体系文件控制程序的要求。相关业务部门负责对记录文件进行审核,确保准确性,并且易于检索。

2.3 标准化体系管理要求

管理体系及其过程的充分性、适宜性对于有效并且高效地实现与企业战略相一致的知识产权目标及要求至关重要。

企业管理者可以指定管理者代表,对企业知识产权管理体系进行管理、监督、评价和协调,并赋予以下职责和权限:协调建立、实施和保持企业知识产权标准化体系的运行;协调开发和实施必要的管理程序,并建立和保持相应的记录。

3 企业知识产权标准化运行

3.1 知识产权获取

知识产权的获取过程中,需要根据企业实际情况对相关内容进行策划、分析和评审、修订和更新。知识产权部门可根据企业具体情况,自行或委托代理机构进行,根据检索报告判断创造性,对于不适于技术秘密的,按照专利技术方式以获得专利方式保护。

企业内部生产、技术、研发等部门可以提出专利提案,由企业知识产权管理部门、法务部门等职能部门对专利提案进行检索、筛查,经企业管理层审批通过后,由企业法务部门或委托第三方代理机构提交专利申请。

在与高校、科研院所合作研发时,应事先通过合同或协议约定知识产权归属、保密条款及违约处理方式等,以避免在专利产出后产生知识产权纠纷。在以许可或转让方式获得专利权时,应注意事先进行知识产权检索,确保知识产权获取的合法性和有效性。

企业可以结合自身实际情况,出台相关制度,鼓励员工在工作期间及工作之余开展个人创新和知识产权创作活动,保护员工知识产权署名的合法权利。

3.2 知识产权维护

当知识产权实施运用部门提出知识产权变更、权利转移或放弃申请时,按照评估要求对知识产权的市场价值和技术价值进行评估，并严格按审批程序实施决策，保持审批程序中形成的全部文件和记录，避免对企业的生产经营活动造成重大影响。企业财务部门、法务部门参与知识产权的市场价值和技术价值评估。

对于专利权，技术部门根据企业知识产权保有数量、区域分布状况、企业中长期发展战略及企业专利权利用及潜在利用情况，对所有企业授权专利授权期限到期前3个月内进行维护评估；评估结论认定有必要由企业继续持有的，则维护其有效性；评估结论认定没有必要由企业继续持有的，则进行权属变更的操作。

对于商标权，市场部门每一年度企业战略规划前后一个月内进行维护评估；评估结论认定有必要由企业使用以维护其效力的，则继续使用以维护该权利；评估结论认定没有必要由企业继续持有的，则进行权属变更的操作。

对于商业秘密，企业战略规划部门的主要牵头部门每一年度企业战略规划前后1个月内进行维护评估；确定有必要继续按照商业秘密持有的，则继续按照商业秘密持有；评估结论认定没有必要变更持有方式的，则进行持有方式变更操作，并报总经理批准；对于没有必要持有的，进行权属变更的操作。

对于其他权利，各相关部门按职责分工每一年度企业战略规划前后1个月内进行维护评估；评估结论认定有必要持有的，则持有该权利；评估结论认定没有必要继续持有的，则依据该权利特性作出相应处理方案。

3.3 知识产权实施、许可和转让

企业发生知识产权实施、许可、转让时，知识产权实施运用部门会同财务部门、法务部门按照国家有关法律、法规、规章的规定，促进和监控知识产权的实施，并办理相关手续。涉及专利技术等实施许可的，应制定调查方案，并办理合同备案手续；实施专利权、商标权等转让的，应制定调查方案，并办理权利人变更登记手续；涉及知识产权投资、质押的，应当依法进行资产评估，依法办理出资登记、质押登记等手续。技术部门负责与专利相关的实施、许可、转让相关的程序性工作，市场部门负责与商标相关的实施、许可、转让相关的程序性工作，法务部门从法务层面提供支持。

3.4 技术成果的知识产权管理

技术成果立项阶段，企业应组织立项前的知识产权检索，分析该成果所涉及的相关专利信息，并将专利检索结果与市场调研相结合，分析潜在合作伙伴和竞争对手，编制知识产权检索报告，评估知识产权风险，避免出现重复研发和资源浪费。

在技术成果的研发过程中，企业需要对技术或产品的研发全过程进行知识产权跟踪检索，分析技术发展状况，制定知识产权规划，定期跟踪该技术领域的知识产权情况，并据此适时调整企业研发方向，避免知识产权侵权风险和无效研发投入。

当技术成果产出后，需要注意对技术研发过程中形成的相关记录、档案进行管理，确保可追溯性，并准确界定成果的知识产权权利归属。对于技术成果产生的新产品，在市场销售前，应进行全面的知识产权风险分析和评估，建立相应的知识产权保护和风险规避方案。

在新产品进行市场推广，尤其参加海外展销会、博览会时，务必要事先进行知识产权风险评估，确保不侵权和被侵权。如发现同类产品涉嫌侵犯企业知识产权，应注意收集侵权证据，并采取积极的知识产权维权措施。

3.5 知识产权保密管理

企业各部门应当建立负责针对本业务过程所产生的知识产权文件、记录，按照保密范围的规定提出拟定密级意见（应包括可知悉信息的人员和接触权限、涉密的设备、涉密区域、保密期限等），提交区域负责人审批确认（必要时应组织法务、财务、人力资源等部门评定），并经总经理批准后定密，确定为企业商业秘密。确定的秘密事项由秘密产生部门传递到各涉密部门实施保密管理，并形成台账进行系统管理。

企业涉密区域应实行属地管理原则，对涉密区域、部位采取人防、物防和技防相结合的安全防范措施，并定期或不定期组织检查涉密区域的保密管理情况。对于外部人员（如访客、外包人员、供应商驻厂人员等）可能存在的涉密风险应当予以识别和管控。

对知识产权涉密区域员工入职时，应签订保密协议，以书面形式明确知识产权责任和义务。在员工离职时，应通过协议约定知识产权权属、竞业禁止义务，以及员工对所涉及的企业知识产权的保密责任和期限。

4　高价值专利培育

高价值专利一般是指符合国家重点产业发展方向，能够引领产业发展，拥有较高的市场价值，能够为专利权人带来较高经济收益或市场竞争优势的发明专利或专利组合。据国家知识产权局统计数据显示，截至2022年年底，在我国421.2万件的有效发明专利中，高价值专利数量132.4万件，其中企业拥有的高价值专利占到70％以上，这也充分体现了企业的创新主体地位。

高价值专利的培育对企业形成核心自主知识产权，提高市场竞争力，推动企业创新发展具有重要意义。企业在建立、完善自身知识产权标准化体系的同时，应当注重前瞻性思考、战略性布局，加强对高价值专利的挖掘和培育。

对于企业内部研发项目中产出的专利创新，应当从项目任务出发，挖掘其相对于现有技术的创新点，通过充分的查新检索，找出其创新要素并进行必要的扩展，确定合理的保护范围，撰写权利要求书和说明书，形成专利申请文件。

此外，还可以在专利查新检索的基础上，通过对现有专利的分析，找出创新点的关联因素，挖掘并衍生出新的专利方案。在该过程中，要注重以现有专利技术分析为基础，梳理出关键核心要素，再通过横向、纵向的延伸，挖掘新的专利创新点，形成专利组合，这将为企业核心技术提供更强有力的知识产权保护。

5　结语

企业知识产权标准化建设工作涉及企业知识产权的创造、运用、保护、管理和服务等各项能力，是一个与企业生产、研发和经营都密切相关的系统性工程。企业应坚持知识产权标准化战略引领，逐步建立以高价值专利为核心的企业知识产权战略，保障高价值专利的创造和运用，形成专利、标准融合创新模式，促进企业高质量、可持续发展[5]。

参考文献

[1] 李春．《世界知识产权指标》报告发布［N］．中国市场监管报，2022-11-23（1）．
[2] 来小鹏．强化"全链条"保护向知识产权创造大国迈进［N］．科技日报，2021-02-22（8）．
[3] 李西良．企业知识产权管理体系与QES三体系融合研究［J］．知识产权，2017（10）：92-96．
[4] 中华人民共和国国家质量监督检验检疫总局，中国国家标准化委员会．企业知识产权管理规范：GB/T 29490—2013［S］．北京：中国标准出版社，2013．
[5] 郑金，王琦，唐晚成．企业高价值专利培育路径研究［J］．科学与管理，2020，40（2）：104-109．

作者简介：

杨恒，1984年生，男，高级工程师，任职于亚太森博（山东）浆纸有限公司技术中心，研究方向为企业知识产权管理及标准化体系。

浅谈如何运用高标准引领建筑质量高效发展

李桂杰[1]　刘雪峰[2]

（1. 招远市工程建设服务中心；2. 招远市消费者投诉中心）

摘　要　高质量发展是全面建设社会主义现代化国家的首要任务。建筑工程质量是企业综合素质的反映，是项目管理水平的重要标志。本文结合烟台某中学教学楼建筑工程标准化施工案例，从两个方面论述了实施标准化对提高工程质量所起到的关键性作用，一是科学严谨的施工组织设计和精准定位的专项方案是实施标准化施工的基本前提，二是项目管理严格执行强制性标准是实施标准化施工的重要保障。简要论述了高标准如何在建筑工程领域引领高质量发展，通过运用高标准的精细化管理，该工程项目取得了良好的经济效益和社会效益，为建筑工程创优打下了坚实的基础。

关键词　高标准　建筑工程　高质量发展　优质工程

高标准的建筑工程项目管理是实现工程高质量发展的重中之重。建筑工程质量是企业综合素质的反映，是项目管理水平的重要标志。建筑工程的基本属性是产品，而产品质量的优劣直接关系到人民生命财产安全和企业的社会认知度。优质工程的建设离不开高标准的质量管理，只有以"科学规划设计，严格标准管理"为宗旨，才能在建筑工程建设中取得高质量发展。

1　科学严谨的施工组织设计和精准定位的专项方案是实施标准化施工的基本前提

采用先进的技术手段结合严格的施工组织设计，可以确保建筑施工高效、安全、可靠，并且为构建高品质的建筑产品打下坚实的根基。按照 G101 系列图集、各种施工验收标准和设计文件要求，结合建筑工程具体情况，有针对性地制定各项专项施工方案则是引领施工阶段各项标准化实施的基本前提。

在烟台某中学教学楼工程中，结合本地实际情况，该工程设计图纸采用了以下措施：8 度抗震构造；建筑场地类别Ⅱ类；结构安全等级一级；地基基础设计等级乙级；耐火等级一级；设计使用年限为 50 年。根据现行规范标准、技术规程及施工图纸要求，我们在专项方案编制实施和标准化施工中对下列分项进行了着重强调和部署：

1. 钢筋分项：钢筋原材料成品堆放应划分区域并挂牌标识。钢筋直径≥16mm 的，钢筋应使用直螺纹连接，接头等级不低于Ⅱ级，接头位置应错开，接头面积百分率不超 50%，施工现场应配备扭矩扳手，便于施工过程质量控制和抽查。该工程为框架结构，抗震等级为二级，等级较高，在施工过程中，应特别关注钢筋在加工安装过程中锚固长度和箍筋的加密区范围。因地下室钢筋数量和层数较多，应保证上下层钢筋的相互关系，包括以下项目：

1）柱底层下端箍筋加密区范围为柱净高的三分之一区域；

2）主次梁交接部位附加箍筋的设置，要考虑和正常箍筋的相互位置关系；附加吊筋的安装，注意下料长度是否满足 G101 系列图集要求；

3）剪力墙水平分布筋在连梁处要贯通，不得漏设。连梁伸入支座要满足锚固长度。

2. 混凝土分项：地下环境对混凝土有微腐蚀性，要确保混凝土的耐久性，混凝土厂家要有相应的耐久性报告，一类环境最大水胶比≤0.60，氯离子含量不超0.3％；二$_a$类环境最大水胶比为0.55，氯离子含量不超0.2％，最大碱含量为3.0g/m³；二$_b$类环境最大水胶比为0.50，氯离子含量不超0.15％，最大碱含量3.0g/m³。商品混凝土厂家应提供计算书，以确保商品混凝土的质量。楼梯施工缝应留在楼梯上下两端三分之一跨度范围内，并保证施工缝清理干净无夹渣。柱、墙、梁、板混凝土强度等级相差一个等级的，经设计确认后可一同浇筑；相差两个等级及以上时，应在接触位置采取分隔措施，在低强度区域采用钢丝网隔离。

3. 地下防水工程方面：要严格按照施工图及设计变更进行施工，原材料检测必须严格按照设计要求厚度进行检测，施工时注意细部做法，认真处理每个细节，做好防水卷材外露部位的保护，不得破坏，尤其要注意防水卷材的接槎处搭接部位和止水钢板或止水胶条的安放部位、对拉螺栓上止水环的尺寸大小等环节，都要特别注意，并且要留下记录做好隐蔽验收。

4. 混凝土养护问题及裂缝防治方面：裂缝的出现被视为混凝土施工质量的一种劣化，会极大地降低混凝土的耐久性，从而造成严重的后果。高温天气要尤其注意混凝土的养护问题，剪力墙构件采用淋水养护时，墙体表面水分极易流失风干，应适当增加淋水养护次数，否则极易产生收缩裂缝。通过加强早期养护，将混凝土表面裂缝的出现率降到尽可能低的程度。除了做好养护工作外，还要注意混凝土的拆模时间和上人时间。拆模时，混凝土一定要达到规定的强度，即混凝土强度达到1.2MPa后方可上人进行后续施工。

5. 砌体工程：砌块进场存放时下部应垫起30～40cm的预留空隙以防止水润浸泡，砌块龄期应超过28d。砌体前，应先砌样板墙，经核查符合要求后方可展开施工。砌体拉结筋应通长设置，错开搭接。填充墙要严格按照图纸要求在规定部位设置构造柱，不得漏设。楼道和人行道两侧的填充墙抹灰，应采用钢丝作为加强材料，以防止抹灰层后期开裂。

6. 技术资料方面要重点注意以下几点：

1）资料要与工程进度同步，逻辑关系正确，不得后补和造假，资料与实体工程一致，签字盖章要符合要求。施工过程中的施工日志、施工记录、隐蔽验收记录、检测报告、分项验收记录等资料在时间上要相互佐证，时间节点要交圈，不能互相矛盾。

2）要严格按照《建筑工程施工质量验收统一标准》（GB 50300—2013）划分检验批、分项、子分部及分部工程，桩基子分部和混凝土子分部要按规定进行验收，检验批验收记录后面必须要附有原始记录，并且与现场数据相吻合。

3）钢筋机械连接要有拧紧扭矩检验记录；钢筋及套筒应按规格、厂牌进行连接工艺检验，并有检验报告。钢筋焊接也要有焊接工艺检验报告。

4）施工组织设计中应有检验批、分项划分方案和检测计划并报监理单位审批。检验批容量及抽样数量应与方案一致。

5）混凝土缺陷修补时应有专项修补方案（监理审批）及修补验收记录，并有修补前后对比照片。混凝土有严重缺陷时，施工单位应编制处理方案，报监理审批，设计单位认可，处理完后重新验收。

6）应在以下方面重点制定好专项方案：（1）大体积混凝土工程；（2）高大支模工程；（3）同条件试块留置方案；（4）施工检测计划；（5）分项检验批划分方案；（6）沉降观测；（7）土方回填方案；（8）结构实体检验（含基础分部）；（9）基坑支护方案；（10）后浇带设置方案（后浇带两侧模板要设置独立支撑体系）；（11）防水工程；（12）缺陷修补方案，要有修补前后对比照片，比较严重的要经设计单位认可。

2 项目管理严格执行强制性标准是实施标准化施工的重要保障

严格遵守国家、行业、地方以及企业标准是确保项目质量、安全可持续发展的关键，也是实现标准化施工的必要条件。而国家强制性标准是一条不可逾越的红线，必须严格执行，同时它又是推行工程项目标准化施工的重要保障。建筑工程树匠心精神、出精品工程，离不开这一系列标准化的严格执行与落实。

在上述烟台某中学教学楼工程中，标准化施工着重在以下几个方面开展：

1. 模板安装采用严格的规范标准，确保模板及支架具有良好的承载力、结构强度和稳固性。模板安装的平整度及尺寸应符合规范标准规定。模板安装时，要确保它的轴线偏差在5mm内。此外，还要对它的内部尺寸进行测量，精确度要在5～5mm之间。

2. 模板底部支设立杆时，为防止底部混凝土点状受力出现裂缝，立杆底部应加设垫板，所用钢管要使用外径为48.3mm，壁厚3.6mm的焊接钢管，并有质量证明文件，使用的钢管不得有扭曲变形情况，并做防腐处理。

3. 钢筋制作与安装方面的做法标准：绑扎安装钢筋时，主要钢筋的型号、直径、数量必须符合施工图纸要求，钢筋安装牢固，受力钢筋位置和锚固方式满足施工图纸要求；梁类构件的钢筋保护层厚度偏差为10～（-7）mm，板类构件的钢筋保护层偏差为8～（-5）mm，钢筋与模板间要加设垫块确保耐久，防止拆模后露筋。

4. 钢筋直螺纹套筒连接的做法标准：采用专用锯将钢筋端头切平，端头垂直平整。钢筋套筒合格，钢筋丝扣加工完毕后要安装塑料保护套以做好防护。套筒连接采用扭矩扳手连接，钢筋直径≤16mm的拧紧力矩值为100N·m；钢筋直径为18～20mm的拧紧力矩值为200N·m；钢筋直径22～25mm的拧紧力矩值为260N·m；钢筋直径为28～32mm的拧紧力矩值为320N·m。

连接完成后要全数检查，符合要求的做好合格标识。钢筋端头保持垂直平整无扭曲，扭矩扳手拧紧力达到规定值，连接后每端外露不能超过两个丝扣。

5. 混凝土分项工程：混凝土构件的强度等级、构件位置和尺寸偏差必须符合施工图纸要求。混凝土外观质量要横平竖直、内实外光，无施工缝夹渣、错台、孔洞露筋、振捣不实等问题。

混凝土结构浇筑完成后，要确保混凝土构件的轴线在实测实量时偏差在8mm以内；层高≤6m时，垂直度偏差为10mm；层高＞6m时，垂直度偏差为12mm；混凝土柱、墙、梁、板截面尺寸偏差为10～（-5）mm。

6. 填充墙的砌筑方式要遵循以下规范标准：确保墙体位置准确不偏移，墙体砂浆灰缝饱满，上部和梁板接触部位要用斜砌砖顶紧顶实；具有防水性能的房间，如卫生间和厨房，底部应有混凝土坎台。

填充墙砌筑完成后，填充墙的轴线容许误差为10mm；层高≤3m时，垂直度偏差为5mm；层高＞3m时，垂直度偏差为10mm；墙体表面要平整不扭曲，误差范围不得超过8mm；蒸压加气混凝土砌块砂浆厚度宜为15mm；混凝土坎台的高度宜为150mm。

3 结语

通过上述一系列高标准精细化施工，该工程节材和材料利用管理控制方面取得了良好的效果：钢材用量节约0.3%，混凝土用量节约0.18%，砌体用量节约0.5%，模板木方用量节约2.2%，水资源用量节约17.32%。同时，该工程也获得了烟台市优质工程奖；山东省、上海市等六省一市华东地区优质工程奖，取得了良好的经济效益和社会效益。

作者简介：

李桂杰，1969年出生，男，本科学历，高级工程师。主要从事工程质量管理，研究标准化施工对提高工程质量所起的关键性作用以及施工现场常见质量问题的治理。

刘雪峰，本科学历，招远市消费者投诉中心，正高级工程师，研究方向为计量和标准化。

化工产业园区水环境监管系统标准化建设与实践

——以宁阳化工产业园区为例

田小蒙[1]　罗士贞[2]　吕　静[1]　杜肖肖[2]

（1. 山东清控生态环境产业发展有限公司；2. 山东宁阳经济开发区管理委员会）

摘　要　本文以宁阳化工产业园区为例，论述了以清华大学环境学院以水质指纹污染溯源技术为核心的全维感知系统的标准化建设路径和成效，形成了可复制推广的化工园区水环境监管标准化系统，为化工园区水污染防治提供了新的解决方案。

关键词　化工产业园区水环境监管　标准化　水质指纹　全维感知系统　宁阳

1　引言

2021年10月22日，中共中央总书记、国家主席、中央军委主席习近平在山东省济南市主持召开深入推动黄河流域生态保护和高质量发展座谈会并发表重要讲话。习近平指出"沿黄河省区要落实好黄河流域生态保护和高质量发展战略部署，坚定不移走生态优先、绿色发展的现代化道路"，并强调确保"十四五"时期黄河流域生态保护和高质量发展取得明显成效。

黄河流域生态环境保护行动是当前黄河流经的几个省区非常重要的一项环境保护工作。提升水质保障是践行黄河流域生态保护和高质量发展的重要指示精神。化工产业园区水环境污染防治标准化的建立是促进化工产业园区水污染防治的强力支撑。在环境与经济紧密相连的今天，标准化已经成为推动社会发展的重要支柱，且影响力之大也在逐渐显现。因此，推动化工产业园区水环境污染防治标准化的建立具有重大意义。

2　宁阳化工产业园区水环境污染防治全维感知管控系统建设

2.1　背景

海子河位于宁阳县境东部，纵贯华丰镇、磁窑镇，毗邻宁阳化工园区，其源头在华丰镇吕观以东的丘陵及沈家庄以南的众山，经大汶河注入东平湖，调蓄后流入黄河，宁阳县海子河是大汶河重要的汇入支流。2021年8月，第二轮中央生态环境保护督察发现宁阳化工产业园区污水主管道沿海子河存在多个溢流点，特别是在河道大桥北侧漏水点常年渗流，高浓度电镀、印染、石油类废水长期直接排放，同时存在城镇生活污水处理厂难以处置高浓度化工废水，管网破旧造成雨污分流不彻底等问题。为了提升自动监管能力，实现精准环境执法，宁阳县政府在已有排污口监测设备及污水处理厂升级扩建的基础上建设了水污染防治全维感知管控系统，包括水污染预警溯源仪及国标微型水质监测站、管控系统电脑端及移动终端，目前已取得了显著效果，海子河水质提升至地表四类水标准以上，（从）源头上预防了化工废水直排现象。

2.2 技术路线

2.2.1 总体架构

系统总体架构为"一个数据归集中心、五类水环境监测应用"。一个数据归集中心即形成统一标准、统一应用的水环境大数据层，实现"一数一源，一源多用"的水环境资源和数据的集成、存储、分析、挖掘、展示等功能，实现互联互通、共享共用。五类水环境监测应用包括全维监测，即园区内所有在线监测数据的收集展示、统计分析、水质预警、整改闭环、溯源解析，围绕水环境数据归集中心进行深度挖掘、智能分析、综合应用，对宁阳县化工产业园区的水环境质量及排放状况进行实时监控、溯源追踪、精细监测、靶向治理，如图1所示。

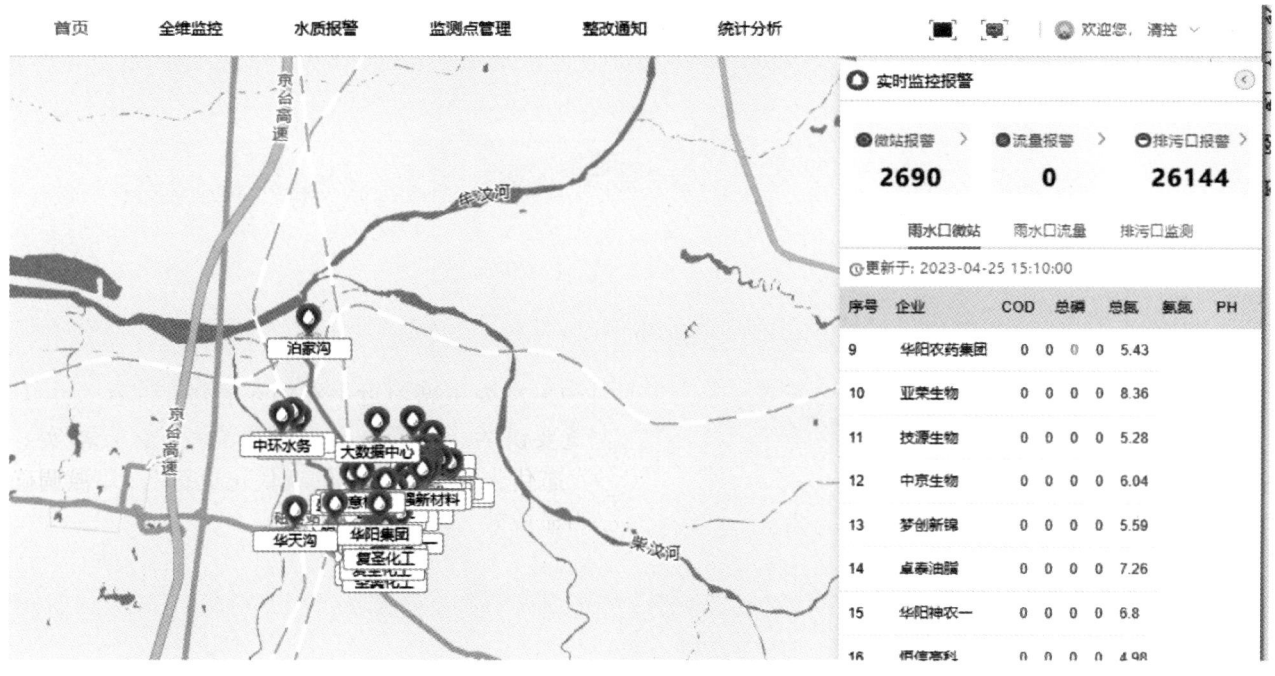

图 1　总体架构图

2.2.2 核心技术

引入清华大学环境学院研发的新型"水质指纹"污染溯源技术作为水环境污染防治全维感知管控系统的核心技术抓手，水污染预警溯源仪见图2。其三维荧光光谱技术是随着计算机的应用而不断完善建立起来的，从20世纪70年代至今不断发展并逐步应用于环境监测。在通常情况下，三维荧光光谱分析利用在低浓度下，荧光强度与分析物质含量的线性正相关的特点来测量荧光化合物的浓度。每种荧光化合物受到特定波长的激发光照射后，会诱导发出荧光。化合物荧光的激发和发射波长以及荧光曲线的形状是独一无二的，可以用来作为自身身份识别的可靠依据，同时荧光曲线的峰强度可以准确确定化合物的浓度。

荧光强度以等高线的方式表现在激发光射线—发射光波长的二维平面上，能直观地提供任何激发光射线—发射光波长所对应的荧光强度信息。由于三维荧光光谱与水样具备唯一对应的特点，就像人类的指纹一样，因此，受污水体所表现的荧光光谱常被具象化为"水质指纹"。水样被贴上"水质指纹"这个标签后，便可被快速区分来源。

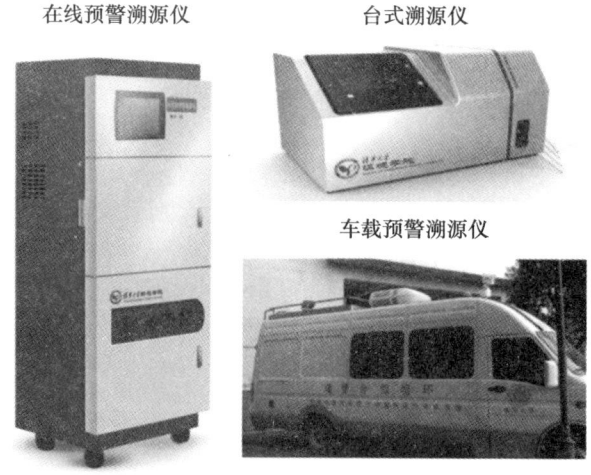

图 2 水污染预警溯源仪

2.2.3 业务架构

系统建设以"水环境全维度、精细化监管"为核心,构建统一的数据库,全方位整合水环境数据资源,为水环境管理提供数据支撑。宁阳县水环境污染防治全维感知管控系统的业务架构如图3所示。

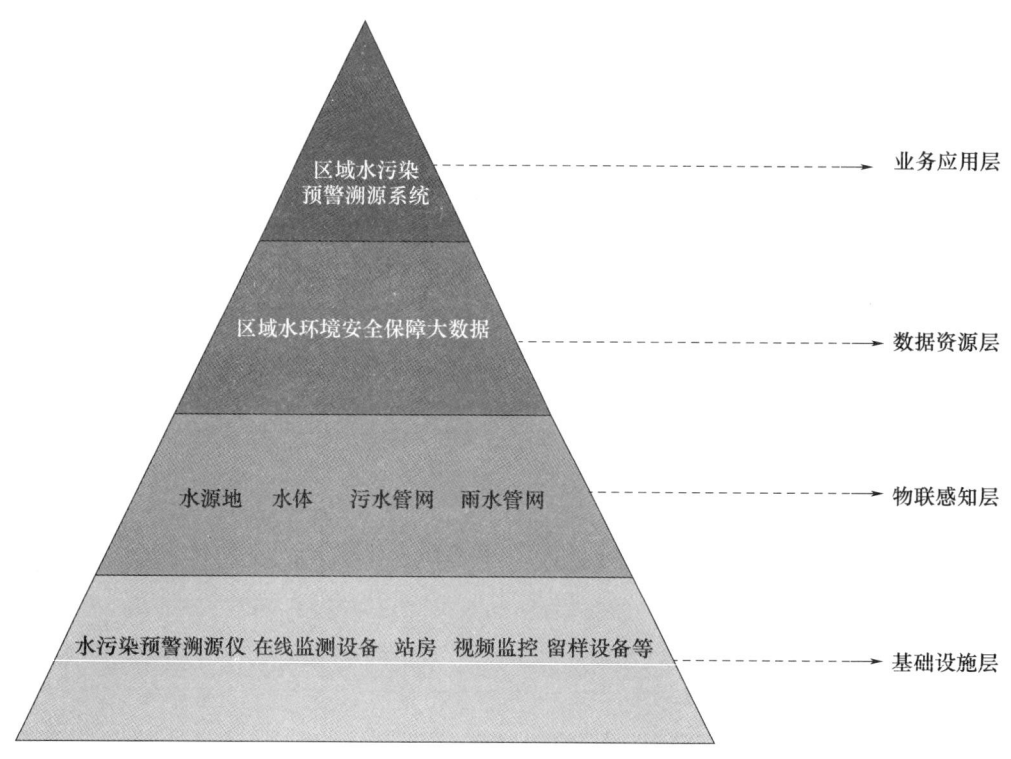

图 3 业务架构图

自下向上分别为物联感知层、基础设施层、数据资源层、业务应用层。

1. **物联感知层**:主要是对涉及水环境监管的各项前端感知设备。
2. **基础设施层**:是支持项目的各类计算资源、存储资源、网络资源等。
3. **数据资源层**:是用来采集、清洗、整合、管理各类前端设备数据、业务系统的业务数据。
4. **业务应用层**:项目规划建设的五类应用,分别为全维监测、统计分析、水质预警、整改闭环、溯源解析。

2.2.4 展现形式

结合日常工作管理的需要,业务应用系统主要在电脑端和移动终端进行展现,工作主体为电脑端,根据应用系统的业务特点,配套建设对应的移动终端应用。将应用系统中的各类监测数据及功能,进行有机整合、集中呈现,如图4所示。

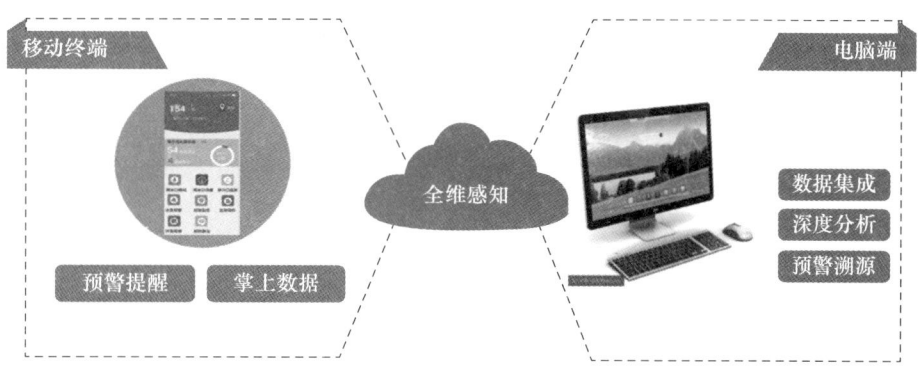

图 4 监测数据展现方式

2.3 成效——黄河流域高质量发展

宁阳化工产业园区水质指纹全维感知管控系统的建设及应用,实现了海子河及化工产业园区域水环境的有效监管,建立预警闭环工作机制,对重点监管对象形成了强有力的约束,提高了监管的针对性和有效性,实现污染溯源精准定位,逐步减少了水污染的发生。以监管推动防治。目前海子河水质已显著提升,基本达到了四类水质标准,有力推动了重点流域水体达标整治,填补了宁阳县水环境智慧监测方面的空白,加大了现代化信息技术在生态环境监测领域应用,实现了智能水污染防治零的突破。

宁阳县化工产业园区在县大数据中心指导和帮助下,成功入选"2020年度省级示范数字经济园区(试点)"。引入清华大学新型"水质荧光指纹"监管技术。该技术通过物联网、5G通信等信息化手段,整合国标微型水质监测站数据、国标标准站数据、相关传感设备和视频数据,通过水质大数据采集、分析、比对,逐步建立先进的水污染环境监测预警溯源体系,实现从多维度预警溯源并精准管控园区重点水污染源头,为后续水环境质量改善决策提供科学依据,为贯彻落实黄河流域生态保护和高质量发展战略提供了强有力的保障。

3 化工产业园区水环境污染防治标准化建设体系研究

3.1 项目背景调研

(1)对宁阳化工产业园区涉水企业外排污水现有标准体系及人员管理规章制度进行全面梳理总结,对无法满足现有情况的按当地规定进行了会议分析调整,使其对宁阳化工园区水环境进行更好的约束服务。

(2)对宁阳化工产业园区及周围重要水体进行了详细调研。2018年6月,宁阳化工产业园区经山东省人民政府认定公布为省级化工园区,规划面积9.5平方公里,属于综合类化工园区,位于宁阳县磁窑镇驻地东侧。

宁阳化工产业园区目前是以氯碱为主要原料的农药产业链,以硝酸为主要原料的RT培司、橡胶防老剂4020产业链,园区内主要产业包括基础化工、精细化工、化工新材料和生物化工四大板块,宁阳化工产业园区企业的雨水排口均分别位于华天沟、华阳沟和泊家庄沟。

3.2 标准体系框架

《化工产业园区水环境污染防治管控系统应用规范》团体标准体系框架包括规定范围为化工产业园区使用的水环境污染防治管控系统，规范性引用文件包括在线水质荧光指纹污染预警溯源仪技术要求、在线式国标微型水质监测站技术要求、网络信息安全要求、系统数据传输要求等。对部分术语和定义进行了解释说明、总体结构包括了操作平台、水质荧光指纹溯源管理系统、数字数据库、水质数据监测设备与基础设施等组成，系统技术要求包括了操作平台在内的系统功能要求及性能要求、建设与验收部分提及了软件与硬件相关部分的标准，使用与维护主要针对系统使用者如何根据分析数据进行实际判断以及后续使用过程中的维护事项等，部分技术方面给出一部分记录参考模板。化工园区水环境污染防治管控系统应用标准体系框架见图 5。

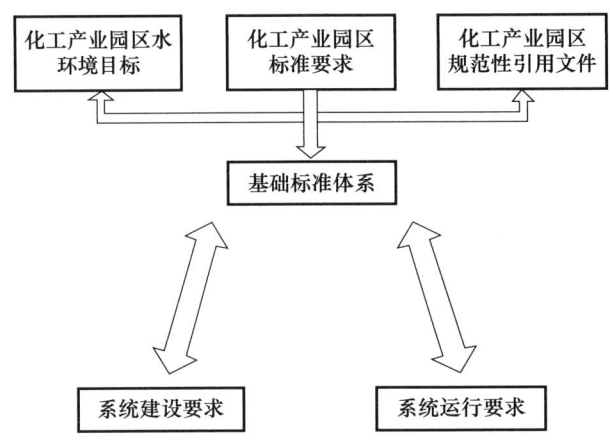

图 5 化工产业园区水环境污染防治管控系统应用标准体系框架图

3.3 标准体系内容

标准体系内容包括区域内涉水物联网传感数据资产一张图、多维度数据（管网数据、水质断面、企业全过程水、视频监控、污水厂等）治理融合呈现、水质荧光指纹预警溯源算法服务、手机 App 应用等；展示在线站点、污染源坐标及各类实时数据，通过阈值设定实时报警，通过国标协议接入系统，与园区内企业进行对应绑定，提升执行处置效率，基于 GIS 地图，将各类在线数据呈现在坐标形式图上的管控系统，从而制定标准化建设与应用的标准。

3.4 标准实施及改进

为保障化工产业园区水环境安全，通过化工园区内标准项目建设，加强了化工产业园区内自动监管，实施水环境全方位管理，确保所有水体达到规定标准，防止水污染事件发生。

在化工产业园区水环境污染防治管控系统应用规范的使用中也在不断根据当地实际情况进行改进，包括标准化网络建设，更加关注于网络信息安全建设。明确标准化职责，明确了最高管理者职责和标准化主管部门职责以及各部门标准化职责，根据标准制定管理办法、规划以及计划，编制标准体系表。

4 化工产业园区水环境污染防治标准化建设体系构建成效

4.1 社会效益

项目实施后及时发现化工产业园区水质变化并迅速完成预警工作，可有效降低水环境污染风险，避免产生不利社会影响，具有较好的社会效益。具体体现在以下几个方面：

（1）本项目建设完成后，强化当地水环境管理工作，提高环境监管执法能力，依法惩治有关环境污染犯罪，打击违规排放等违法行为，确保水环境水质安全。

（2）本项目的建设为当地废水的排放监管提供了新的技术手段，保障水体断面水质达标，有效防止水污染事件发生，促进水体水质长期向好，建立当地水环境水质监管的新模式，加大该地区水环境监管力度。

（3）本项目建设完成后，提高当地环保部门的环境管理效率，减轻工作人员劳动强度，使环保部门更及时、更全面地掌握监测数据，使政府更高效地发挥管理监督职能。

4.2 环境效益

（1）提升水环境信息化现代化水平

通过水污染防治监管能力项目的建设，完善水质监测网络、信息整合能力、数据集成能力、环保业务监管和分析能力，极大提升了宁阳县水环境信息化现代化水平。

（2）提升生态文明建设水平

本项目的建设实现了环保业务的深度融合与联动应用。同时基于对水环境质量与污染排放的全面感知，完成环保分析海量数据、业务运行数据、"空天地"一体化卫星信息数据等的集中整合与交互共享，形成水环境环保"大数据"。实时监控与掌握涉水污染物排放状况及环境质量空间现状，为实现生态文明制度建设奠定坚实的基础。

（3）提升环境监管能力

通过对化工产业园区周边的重要水体等的实时监测感知，构建一个全方位、多层次、广覆盖的水环境监测网络，统筹先进的科研、技术、仪器和设备优势，充分利用全天候、多区域、多门类、多层次的监测手段，提升水环境监测能力，切实提升保障了河流的断面水质安全。

（4）提升水环境风险防范能力

通过对化工产业园区周边水体由常规污染物监控向预警监测转变，提升水污染防治环境风险防范能力[4]。

4.3 经济效益和社会效益

项目的实施可推动流域水环境质量改善，节省污染治理成本和环境监管工作投入，对地区的经济发展也有较好的推动作用，具有较大的经济效益和社会效益。其主要体现在：

（1）水环境污染防治全维感知管控系统的建设能够促进污染的源头治理，降低水污染治理的后续成本。本项目的实施将为水环境管理部门提供准确快速定位污染来源，及时有效阻止企业违规排放废水的违法行为，极大地督促企业遵章守纪、按标排放，从源头上截断企业超标废水的直接排放，有效改善水体水质，节省水污染治理方面的人力物力投入。

（2）水环境污染防治全维感知管控系统建设实施，可减少水环境监管工作的人力物力投入。项目实施可实现污染类型快速判定、污染源快速定位，建立起水污染"预警—溯源—执法"联动的长期有效的新型治理机制，简化了以往环境执法过程中凭借经验，投入大量人力物力进行管网排查、污染源蹲守的违规排污企业确认流程，大大减少了人力物力投入，以及人员成本支出。

（3）水环境污染防治全维感知管控系统的建设实施，一方面可有效改善当地水环境质量，可为当地的经济发展创造投资机会，推动越来越多的经济实体进入当地，促进地区经济进一步增长。另一方面，也可推动监管产业上下游产业链发展，增加相关岗位和就业机会。

5 结论

本文在宁阳化工产业园区水环境污染防治全维感知管控系统建设、运行、防治的基础上依据核心技术与数据整合实现了智慧园区水环境监管，从源头控制污染物排放，建议充分借鉴此建设模式并在化工园区及重点水域推广，推动各地化工园区水环境污染防治全维感知管控系统的标准建立，有效管控入河污染物排放，不断改善黄河流域水环境质量，实现保护母亲河的重要目标。

黄河流域生态保护是当前沿黄河省区最重要的环境保护工作之一，水环境质量就是黄河流域生态保护的重大问题。生态环境部启动了黄河流域入河排污口排查整治专项行动，针对黄河流域开展全流域的排查整治工作。整个专项行动围绕"水陆统筹、以水定岸"原则，有序推进入河排污口排查、监测、溯源、整治。

参考文献

[1] 卫庶．为黄河永远造福中华民族而不懈奋斗（望海楼）．人民日报海外版［N］．2021-10-23．
[2] 王英俊，等．水质荧光指纹污染溯源技术在跨界断面污染监管中的应用［J］．环境监控与预警，2023．
[3] 中国环境监测总站．地表水和污水监测技术规范：HJ/T 91—2002［S］．北京：中国环境科学出版社，2002．
[4] 国家环境保护总局．城镇污水处理厂污染物排放标准：GB 18918—2002［S］．北京：中国标准出版社，2002．
[5] 孔赟，朱亮，吕梅乐，等．三维荧光光谱技术在水环境修复和废水处理中的应用［J］．生态环境学报，2012，21（9）：8．

作者简介：

田小蒙，男，清华环境污染溯源精细监管技术北方运营服务中心主任，清控生态环境产业发展有限公司总经理；拥有三项基于水污染防治领域的新型发明专利，研究方向为城市黑臭水体精细化管控、重点流域跨界断面水质提升、化工产业园区水污染防治等。
罗士贞，男，汉族，1969年11月出生，山东宁阳人，1998年12月加入中国共产党，中共山东省委党校研究生学历，历任宁阳县住房和城乡建设局党委书记、局长，宁阳县发展和改革局党组书记、局长，山东宁阳经济开发区党工委书记、管委会主任。
吕静，女，清控生态环境产业发展有限公司技术部经理；目前负责项目的数据分析及各项目后续问题处理、污染应急事件结果分析等工作。
杜肖肖，男，汉族，中共党员，1987年4月出生，山东潍坊人，现任山东宁阳经济开发区党工委委员、副主任。

团体标准在饲料行业高质量发展中如何更好发挥作用之我见

李俊玲　王英英　李　晴　李　斌　刘　婕　吴立国

（山东省畜产品质量安全中心）

摘　要　近年来，饲料行业作为我国标准体系的新成员，团体标准发展迅速，弥补了国家标准、行业标准等的空白。随着饲料行业的快速发展，团体标准以其灵活、自愿、周期短等特点，吸引了企业的关注。本文阐述了我国团体标准的定位、饲料行业近年来的发展现状，提出了如何通过制定团体标准的方式解决饲料行业所面临的困境，以及如何进一步挖掘团体标准在行业发展中的重要作用，让其在市场中发挥主导作用，以提升行业竞争力，促进释放标准化能量，激发产品创新活力，引领饲料行业高质量发展。

关键词　团体标准　饲料行业　高质量发展

《团体标准管理规定》对团体标准化事业发展是一份非常重要的规范性文件，在各行各业高质量发展中也必将发挥其重要作用。《中华人民共和国标准化法》明确团体标准、企业标准作为市场自主制定的标准，与国家标准、行业标准、地方标准等政府主导制定的标准相辅相成，共同构成国家标准体系，为团体标准的制定和使用提供了重要的法律制度保障。国家鼓励学会、协会、商会、联合会、产业技术联盟等社会团体协调相关市场主体共同制定满足市场和创新需要的团体标准。

饲料行业是我国畜牧业发展的主要支撑产业，满足人民群众日益增长的对美好生活的向往，离不开质优价廉的畜产品。2022年我国饲料工业总产值13168.5亿元，饲料总产量突破3亿吨，连续多年稳居世界第一。同时也面临许多考验，如人畜争粮问题；蛋白原料短缺、严重依赖进口，且价格不断攀升；过分追求料肉比，导致畜产品品质下降等。面对如此多的难题，需要从不同层面、不同角度，共同解决。其中，团体标准的制定、实施、规范和引领，能在一定程度上解决一些实际问题。

1　针对蛋白原料短缺，制定低蛋白低豆粕日粮系列团体标准，解决行业困境

豆粕、鱼粉都是非常好的蛋白原料，由于我国饲料产量的逐年上升，目前多半依赖进口，且价格不断上涨，"卡脖子"问题严重。如何逐步摆脱"卡脖子"问题？充分利用菜粕、棉粕、芝麻粕等杂粕及部分地缘性饲料原料，可以部分应急使用，但不能从根本上解决问题，因为这些杂粕数量有限。利用鱼粉、豆粕，实际上是利用其优质的氨基酸，根据畜禽生长特点，在减少鱼粉、豆粕等蛋白原料的同时，在日粮中科学配比、合理补充各种饲料添加剂氨基酸，反而能够更好地促进畜禽生长。所以，从这方面入手，在根上解决问题。目前，已经出台的几个团体标准如《肉鸡低蛋白低豆粕多元化日粮生产技术规范》（T/CFIAS 8002—2022），《生猪低蛋白低豆粕多元化日粮生产技术规范》（T/CFIAS 8001—2022），《草鱼低蛋白低豆粕多元化日粮生产技术规范》（T/CFIAS 8003—2022），已经在行业内使用，并取得良好效果。

与此同时，挖掘小品种饲料添加剂氨基酸，如丙氨酸、亮氨酸、胱氨酸、缬氨酸等，与蛋氨酸、

赖氨酸、苏氨酸、色氨酸等常规氨基酸搭配，合理科学使用，更能起到事半功倍的效果。所以，这些小品种氨基酸的标准制定势在必行。团体标准即是一条快速、便捷的通道，能够在协会、团体的引导下，有关企业积极参与，在原有企业标准的基础上，参考医药、食品，以及国外相关标准，在短时间内完成制定，并在行业内实施，积极发挥作用。

2 针对现有饲料原料、饲料添加剂标准的短缺，加速补短板，科学规范指导饲料行业生产

根据《饲料添加剂品种目录》和《饲料原料目录》，当前允许使用的饲料添加剂有近400种，其中，只有60多个饲料添加剂有国家标准或行业标准；允许使用的饲料原料有国家标准或行业标准的不足10%。由于国家标准或行业标准立项数量有限、制定周期偏长等原因，很难在短时间内补足如此大的标准缺口。团体标准刚好借助其立项快、制定快、发布快等优势，可以使各个行业协会、社会团体根据其生产实际及急需情况，分期分批制定有关标准，并尽快应用到实际生产中来。如中国饲料工业协会，2022年1月至9月，共立项95项团体标准制定任务，有关饲料原料和饲料添加剂的标准为46项，几乎占立项总数量的50%。其中部分标准已经报批，很快就能发布实施，从立项到发布不到一年时间，标准的发布、实施可以有效解决部分行业标准问题，有效规范生产、统一市场。

3 充分发挥市场主体的作用，加速团体标准的制定和实施，逐步显现其在行业发展中的重要作用

《团体标准管理规定》[1]第十八条规定："社会团体应当公开其团体标准的名称、编号、发布文件等基本信息。团体标准涉及专利的，还应当公开标准涉及专利的信息。鼓励社会团体公开其团体标准的全文或主要技术内容"。首先，团体标准发布后的实施非常关键，真正实施应用才是最终目的，所以建议团体标准的发布机构全文发布，并加强宣传培训，鼓励倡导应用推广，尽快发挥其应有作用。其次，团体标准的作用必须在市场主体中广泛应用才得以体现，所以市场主体必须主动作为，让团体标准在生产、管理、产品质量控制等环节充分运用，发挥作用。最后是激发市场主体活力，不仅要用好团体标准，更要制定好的团体标准，逐步完善标准供给结构，不能只依靠政府主导制定标准，市场主体更是制定团体标准的生力军，双方协同发展、协调配合，不断加快标准制定和实施的步伐。

4 逐步完善饲料行业标准化体系，让标准真正成为饲料生产降本增效、质量安全控制的有效抓手

我国是饲料产量第一大国，年总产量3亿吨以上，如此庞大的产业，按照每吨饲料节约2元成本计算，全年即可节约成本6亿元。随着小众饲料添加剂氨基酸、酸化剂、酶制剂、微生物、植物提取物等的广泛应用，逐步减少兽药使用、合理控制蛋白原料的占比，充分利用地缘性饲料原料等，从根本上解决优质蛋白原料的短缺问题，提高养殖效率的同时，确保畜产品品质更优、产量更高、功能更强。建立好标准体系是标准化工作顺利开展的前提，在现有标准化体系的基础上，切合实际，充分调研，根据市场主体的需求，在完善标准化体系的同时，列出标准制修订的时间表、路线图，优先急需，合理规划。比如行业应用广泛的发酵饲料原料，目前只有《饲料原料 发酵豆粕》一个行业标准，如"饲料原料 发酵棉粕""饲料原料 发酵芝麻粕""饲料原料 发酵果渣"等，既没有相应的国家标准、行业标准，也缺乏权威的、普适性强的团体标准，这都不利于日常生产过程中原料采购、质量控制等。

5 尽快打通优质团体标准转化为国家标准、行业标准的通道，缩短国家标准、行业标准制修订时间，提振市场主体制定团体标准的热情

新修订的《国家标准管理办法》[2]第十六条规定"对具有先进性、引领性，实施效果良好，需要在全国范围推广实施的团体标准，可以按程序制定为国家标准"。一是在团体标准制定、实施的前提下，可大大缩短国家标准的制定时间，也可确保国家标准的"技术先进"，这是符合《中华人民共和国标准化法》基本要求的；二是给团体标准的立项和制定既提出了高要求，又指出了希望之路，如果团体标准确实先进，实施效果好，有必要在全国范围内实施的，是有可能按照程序制定为国家标准的。这一规定大大增强了团体标准的制定热情和实施的积极性。但是在实际工作中，饲料行业还未有团体标准按程序制定为国家标准的先例，希望行业内标准化管理部门积极推动优质的团体标准制定为国家标准，切实贯彻《国家标准管理办法》的要求，提高国家标准的制定效率，让好标准尽快发挥其优势，在推动饲料行业高质量发展中增添助力。

团体标准是由市场自主制定的标准，是市场主体提高竞争力的有力支撑。近年来，饲料行业团体标准的制定热情非常高涨，但是标准质量也是参差不齐。有的团体标准太片面，代表性差；有的团体标准技术指标不合理，较难推广；有的团体标准并未公布全文或技术指标，无法推广应用。为了确保饲料行业的持续健康发展，团体标准是不可或缺的重要技术保障，需要行业管理部门、社会团体、市场主体、从业人员等齐心协力，共同做好团体标准，为国家标准输送优质资源，尽快健全饲料行业标准体系，促进畜牧业高质量发展，为农业强国建设提供有力支撑。

参考文献

[1] 中国国家标准化管理委员会，中华人民共和国民政部. 国家标准化管理委员会民政部关于印发《团体标准管理规定》的通知：国标委联〔2019〕1号[Z].
[2] 国家市场监督管理总局. 国家标准管理办法：国家市场监督管理总局令第59号令[Z].

作者简介：

李俊玲，博士研究生，研究员，山东省畜产品质量安全中心副主任，研究方向为饲料及畜产品安全检测。
王英英，硕士研究生，畜牧师，研究方向为饲料及畜产品安全检测。
李晴，硕士研究生，畜牧师，研究方向为畜产品安全检测。
李斌，本科，畜牧师，山东省畜产品质量安全中心科长，研究方向为饲料及畜产品安全检测。
刘婕，硕士研究生，畜牧师，研究方向为饲料及畜产品安全检测。
吴立国，硕士研究生，助理畜牧师，研究方向为畜产品加工理论与技术。

企业标准"领跑者"制度实施助推高质量发展

王安冉　顾祖南

（淄博市标准化研究院）

摘　要　标准作为牵动我国高质量发展的"牛鼻子"。无论是在国内还是在国外，都有大量通过提高标准水平带动产品质量提升的成功实践案例。企业标准"领跑者"制度作为我国标准化事业中的重要一环，对我国经济结构的深化改革，推动企业产品质量的发展，提升市场竞争能力起到积极作用。本文通过分析企业标准和"领跑者"制度的关系入手，探究企业标准"领跑者"制度的优势及不足，以及对企业标准"领跑者"制度的展望。

关键词　企业标准　"领跑者"制度　高质量发展

1　引言

随着我国综合国力的日益提高，社会公众对于高质量的产品和服务越来越重视，中国作为全球最大的商业贸易出口国，因而，标准的重要性也日益显现。加快构建新发展格局，需主动把握内生创新动力，抢抓高质量发展机遇。高水平的标准是释放创新活力、实现创新效能的必要保障，具有不可替代的积极作用。因此，为了更好强化标准的引领作用，更加注重全面提升产品和服务质量，我国于2018年开始实施企业标准"领跑者"制度。

2　企业标准与"领跑者"制度

标准决定质量，有高标准才有高质量。技术的升级、质量的提升必然会带来行业的转型升级。目前我国现行的国家、行业以及地方标准等多为保障性、基础性的标准，政府作为主导方，其更注重形成一定领域内稳定的质量、服务水平，从而保证消费者最基本的消费权益免受损害，但这些标准很难在该行业领域内作为领跑标准。团体标准则是面向协会和团体，在几个企业或者几个团体内标准的统一、简化、协调、优势的最大化，需要照顾到大多数会员的水平，因此也不能在该行业内起到引领作用。

我国的企业标准具有体量大、涉及面广、活跃度高等特点，企业标准作为企业内部规范产品质量和服务质量的标准，更加注重以市场为主导，其制定的指标会高于相应的国标、行标、地标。由于企业标准自我声明公开平台的推广使用和"双随机、一公开"等监督制度的实行，各企业之间相应技术指标的对比评价成为了可能，行业领域内评估结果好的企业便可称之为"领跑者"。这是一个动态更新的过程，以保证"领跑者"不是"一时领先"，而是"一直领先"。通过这种机制的设置可以有效推动生产企业积极对标"领跑者"制度，不断提高自身产品质量，实现正向循环。

3　企业标准"领跑者"制度的优势以及存在的不足

企业标准"领跑者"的前提条件，是标准的关键指标领先同行业的其他企业，标准的实施效果也具有明显的提高。我国在实施该"领跑者"制度之前，也曾实施过类似于其他国家的能效、水效和环保"领跑者"制度。企业标准"领跑者"相较于之前的"领跑者"制度，具有评价指标更全面、评价领域更广泛的优势。实施企业标准"领跑者"制度，无论是企业、行业还是消费者等都是这项制度的受益者。企业和行业可以将"领跑者"作为标杆来明确技术、质量提升的目标，以此不断提高产品和服务质量，获得更大的话语权。消费者则可因此能买到更为优质的产品，体验更加周到的服务，政府部门通过推广这项制度推动区域经济发展，对市场监管、相关政策制定具有促进意义。

原本需要耗费大量人力、时间的企业标准备案制，已然不再适应当今快节奏的生产生活方式，企业标准自我声明公开平台的出现，极大地解决了相关问题，弱化了政府行为对企业标准的影响，使市场导向越发明显，焕发出独特的创新力和生命力。但是可能是由于宣传不够到位，缺乏有针对性的宣传教育，很多企业自身也对此不够重视，尚不明确使用该平台进行企业标准公开声明的意义和必要性，企业的标准化知识和意识相对匮乏，参与积极性较差，只为了应对监督检查而公开标准，还有一些企业为了降低所承诺的产品和服务质量，避免因为质量达不到标准要求而追责，因而主动选择公开国家、行业标准等基础性、保障性标准。此外，许多先进标准掌握在龙头企业手中，作为企业内部的内控标准使用，可能由于技术指标、知识产权涉密等，不愿对外公开。以上种种原因导致根基于企业标准自我声明公开及其监督机制的"领跑者"制度，在确定的重点领域同类产品或服务的企业标准进行单指标水平先进性对比时，数据库并不完善，很难真正起到行业引领的目的。

除此之外，该项制度在产品质量等方面具有明显的优势，因为其重点领域的关键技术指标多以数据呈现，可以直接进行对比评价，优劣明显。但是，随着我国第三产业的飞速发展，对于服务业为主的企业评价上存在有一定的问题。首先，针对服务业领域的标准涉猎很少，企业多以内部管理约束制度为主，将服务流程规范化、标准化的企业较少，因此，在企业标准自我公开声明平台上标准更是极为少见。其次，标准中对于服务指标多以描述为主，很难评价指标对应服务水平的高低。

4 企业标准"领跑者"制度的展望

经历了疫情后，互联网经济得到了飞速的发展。线上销售、直播间带货等方式已经逐步渗透到了消费者的日常。隔着屏幕，产品的质量如何，消费者只能通过主播的销售话术进行判断。而伴随着近年来企业标准"领跑者"制度的实施，作为"领跑者"的企业，会获得国家相关单位颁发的企业标准"领跑者"证书，可以给消费者带来更好的消费体验。主播在进行带货时，对具有"领跑者"证书的企业产品进行推介，反映产品的有关质量，进而对该项制度加以宣传推广，利用线上、线下多种方式拓宽该制度的宣传途径，提高企业对参与该制度的积极性和主动性，实现结果的正向反馈，进而推动经济社会的发展。

通过对企业标准自我公开声明平台上所公开的企业标准进行观察，有许多企业对标准的编写规范尚不明确，缺乏基本的标准化知识，这不利于企业参与"领跑者"评选。因此，需要充分调动第三方评估机构的积极性，对企业的标准化知识进行培训，为企业提供相应的国标、行标、地标，增强企业标准化理念，提升企业标准化能力。此外，企业标准"领跑者"的评估标准需要多方协商并加以完善，尤其是对服务业者的评选标准。

政府需要建立完善的激励政策，通过给予一定的政策激励，刺激企业更好的参与到企业标准"领跑者"评选当中。在企业参与其他奖项，如标准创新贡献奖、政府质量奖评选时，可以参照"领跑者"的评选结果。与此同时，应当鼓励社会各界对"领跑者"企业进行监督，发现有不达标的产品或服务，应当取消该企业"领跑者"称号，扩大"领跑者"评估涉及的领域，注重与人民生活息息相关领域的"领跑者"企业评估，以更好地满足人民的生产生活需要。同时又考虑到作为"领跑者"企业并不是一成不变的，所以需要建立适时的动态调整机制，规定在一定的时间进行相应的调整，调动企业的竞争意识，在良性竞争中实现行业的进步，经济的高质量发展。

参考文献

[1] 何伟桢. 企业标准"领跑者"制度国内外对比研究［C］//中国标准化协会. 中国标准化年度优秀论文（2022）论文集. 北京：《中国学术期刊（光盘版)》. 电子杂志社有限公司，2022：114-130.
[2] 顾加雨，夏炎. 企业标准"领跑者"评估引领高质量发展［C］//中国标准化协会. 中国标准化年度优秀论文（2022）论文集. 北京：《中国学术期刊（光盘版）》电子杂志社有限公司，2022：907-911.
[3] 高彦鑫，付允，杨朔，等. 企业标准"领跑者"制度实施的研究与建议［J］. 中国标准化，2020（05）：43-47，57.
[4] 肖蓓，朱伟军，秦强. 企业标准"领跑者"的评价与培育机制研究［J］. 中国标准化，2019（15）：58-62.
[5] 曾伟，胡小萍. 企业标准"领跑者"制度支撑城市高质量发展研究［Z］.

作者简介：

王安冉，硕士研究生，淄博市标准化研究院助理工程师，主要研究方向为标准制修订、标准化体系建设及标准信息服务。
顾祖南，硕士研究生，淄博市标准化研究院助理工程师，主要研究方向为标准制修订、标准化体系建设及标准信息服务。

浅谈团体标准的研究现状及发展

顾祖南　王安冉

（淄博市标准化研究院）

摘　要　团体标准是我国标准体系的重要构成部分，对我国经济结构深化改革，激发市场活力，推动产品高质量发展，提升市场竞争力起到积极作用。近些年来，我国团体标准发展迅速，本文分析了国内外团体标准发展现状，探讨了我国团体标准发展面临的挑战，提出了我国团体标准发展的建议。
关键词　团体标准　国内外对比　高质量发展

1　引言

标准是生产的依据、贸易的语言、市场的规则和合作的桥梁纽带，当下，标准已成为国际市场竞争的制高点。所谓"得标准者得天下"，标准影响着市场的话语权，谁牢牢把握住了标准，谁制定的标准为行业内所认同，谁就获得了行业竞争的主动权，这生动的诠释了标准的影响力之大。随着新产品、新业态、新模式发展，企业、公众对各类标准的需求逐渐增加，由各级社会团体组织主持制修订的团体标准，能够有效激发市场标准化活力，提升产品质量和服务竞争力，从而助力高质量发展。

2　国内外团体标准发展现状

2.1　国外团体标准发展现状

在美国、日本以及欧洲的发达国家中，标准体系多数以国家标准和团体标准构成，其中，团体标准是指由协会、商会、学会等具有法人资质的社会团体组织制定发布的标准。具有全国影响的团体标准经过国家标准化管理组织认定后将被采纳为国家标准，简称 ANSI 标准，由此可见团体标准在其中占据着主导地位，充分发挥着市场主导作用。以美国为例，目前美国有 700 多个被国家所认可的独立标准制定机构，一类是行业协会、学会，另一类是认证测试机构。由这些协会、学会等组织参与制修订的团体标准被大量应用于各领域中，其中先进的标准被上升为国际标准，为各个国家和地区应用。

2.2　国内团体标准发展现状

我国团体标准发展迅速，并且构建了相应的政策体系。2015 年，国务院印发了《深化标准化工作改革方案》，指出要培育发展团体标准，从此拉开了团体标准发展的序幕。2016 年，全国标准化原理与方法标准化技术委员会发布了《团体标准化 第 1 部分：良好行为指南》，为指导各类社会团体从事标准化工作提供支持。2018 年，《中华人民共和国标准化法》对于团体标准的法律地位做出了规定。2019 年，国家标准化管理委员会、民政部印发了《团体标准管理规定》，明确规定了团体标准制修订的整个流程。2022 年，国家标准化管理委员会等 17 部门联合印发了《关于促进团体标准规范优质发展的意见》。一系列法律法规和政策的出台为各类社会团体组织积极从事团体标准化工作提供了支撑，参与制修订了大量的团体标准，有效推动了其高质量发展。

3 我国团体标准发展面临的挑战

目前团体标准已经在我国经济发展中发挥了积极作用，但是由于我国团体标准的发展历史较短，仍然存在着发展不平衡、不充分的问题，团体标准的发展道路面临许多挑战，需要加强规范和引导。

3.1 团体标准数量供应不足、质量良莠不齐

一是从团体标准供应数量上来看，一系列政策法规的出台明确了团体标准的地位，但是在市场体系中，团体标准依旧属于新生事物，这就导致虽然目前中国团体标准制修订的数量增速很快，但是由于发展时间较短，团体标准的绝对数量依然较少。团体标准要在总量上赶超欧美发达国家的水平，还需要走很长的路。在涉及标准问题时，公众首先考虑到的是国家标准、行业标准、地方标准以及企业标准，对于团体标准的认知还有待进一步提升。

二是在经济活动和社会快速发展中，新产业、新技术更新迭代速度很快，对团体标准的实效性提出了更高的要求。但是科学技术成果转化为团体标准是一个渐进的过程，这就容易导致一些新产业、新技术出现标准盲区。

三是团体标准在国内发展历史较短，虽然团体标准已经在经济发展中发挥了重大作用，但是市场主体并没有广泛接收采纳团体标准，并且各类社会团体组织对于团体标准重要性认识尚有欠缺，制修订团体标准的积极性不高，导致团体标准编写的质量良莠不齐。

3.2 社会团体组织标准化专业技术能力不足

《深化标准化工作改革方案》明确指出，鼓励具备相应能力的协会、学会等社会组织和产业技术联盟制定满足市场和创新需要的标准。该方案虽然没有明确指出"相应能力"是什么能力，但是从标准制修订以及标准实施与改进的角度来讲，"相应能力"应该具备标准制修订、标准编写、标准实施与改进等开展一系列标准化工作的能力与经验。《中华人民共和国标准化法》对于制修订团体标准的社会团体组织并没有层级、领域上的限制，是具有法人资质的社会团体组织均可组织开展团体标准制修订。放眼全国来看，各类社会团体组织对于标准化工作的认识程度不同，但是具有标准化专业技术能力的社会团体组织却少之又少，缺少完整的内部标准化工作部门，没有专职的标准化工作人员。导致在实际的团体标准制修订过程中，标准化工作机制建立不规范，团体标准制修订的有关程序和要求履行不严格，直接影响了团体标准的编写质量、应用和实施。

4 我国团体标准发展的建议

（1）提升对团体标准的认知。团体标准是我国标准体系的重要构成部分，对我国经济结构的深化改革，激发市场活力，推动产品质量发展，提升市场竞争力起到积极作用，认识团体标准的积极作用应该成为社会的共识。团体标准可有力提升产品的品牌形象和权威性，提升行业影响力。参与团体标准的制修订，由标准"追随者"的身份转变为标准"制定者"，拥有规则话语权，为整个行业的发展方向提供指导，抢占市场先机。

（2）提升社会团体组织专业技术能力，提高团体标准工作水平。一个团体标准质量水平的高低，最终落脚点是该社会团体组织的标准化专业技术能力水平，为了提高团体标准工作水平，首先要多措并举加快推进标准化人才的培养工作。培养一批熟悉规则、精通专业技术和管理的标准化人才，让专业的人做专业的事。通过人才的培养提高社会团体组织标准化工作能力，构建科学有效的标准化工作制度，严格贯彻执行团体标准制修订的相关流程，构建运转高效的内部标准化工作部门。

（3）政府对团体标准进行适度的监管。团体标准在我国的发展历程中，国家出台了一系列的法律

法规和政策文件对其进行规范。由于团体标准化在我国发展历史较短，各类社会团体组织缺乏对开展团体标准化工作的认识和积极性主动性，为了有效推动团体标准化工作发展，出台相关法律法规和政策对团体标准的发展进行规范是非常重要的。但政府的政策也应把握一个界限，可以从管理和保证团体标准化工作科学性的角度设置一些门槛要求；同时尽量保证团体标准的市场属性，减少对团体标准化的直接干预。

参考文献

[1] 张德保，乔华阳，段小莉，等. 我国团体标准发展概况及问题探讨[J]. 中国标准化，2022（24）：43-48.
[2] 王波，郭慧婷，金晨红. 我国团体标准发展现状及趋势研究[J]. 中国标准化，2021（3）：71-74.
[3] 朱翔华. 团体标准化发展的国内外比较研究[J]. 标准科学，2020（5）：16-22.
[4] 郑鹰. 团体标准的发展及实践[J]. 中国标准化，2019（17）：91-95.
[5] 张鑫，于俊，周树华. 国外团体标准的发展及对我国的启示[J]. 轻工标准与质量，2017（2）：13-14.
[6] 张晓，尹雪，申南丁，等. 再谈团体标准的发展[J]. 中国市场，2016（1）：207，209.
[7] 王益群，杨天乐，刘哲，等. 团体标准推广应用模式研究与实践[C]//中国标准化协会. 标准化助力供给侧结构性改革与创新：第十三届中国标准化论坛论文集. 北京：《中国学术期刊（光盘版）》电子杂志社，2016：88-94.
[8] 贺鸣. 中美协会标准的对比分析[J]. 工程建设标准化，2014（10）：52-56.

作者简介：

顾祖南，硕士研究生，淄博市标准化研究院助理工程师，主要研究方向为标准制修订、标准化体系建设及标准信息服务。

王安冉，硕士研究生，淄博市标准化研究院助理工程师，主要研究方向为标准制修订、标准化体系建设及标准信息服务。

纺织品检验检测体系现状及对策分析

张洪梅 季王滨 陈 亮 黄 龙 陆 尧

（淄博市纤维纺织质量监测研究院）

摘 要 纺织品检验检测体系是我国纺织品质量安全的重要保证，然而近年来随着我国市场经济、国际贸易的不断繁荣，国际检测公司入驻中国，纺织品检测行业竞争压力越来越大，同时纺织品安全问题也频频出现。为了有效的应对纺织品安全问题，使国内纺织品检测行业更好地融入国际市场，应建立健全纺织品检验检测体系，刺激纺织行业向更好的态势发展。本文重点探讨了我国纺织品检验检测体系的现状及相应的对策分析。

关键词 纺织品检验 现状 对策分析 展望

自我国加入WTO以来，纺织产业作为国民经济支柱产业发展速度迅猛。纺织品进出口量大幅度增加，国内纺织品检验检测行业空前繁荣。随之而来的是国外检验检测机构进入我国，国内纺织品检测市场。中国检验检测市场终将与国际接轨。然而，在改革深化和市场经济发展中检测机构也暴露出诸多问题与差距，寻求自身的生存和发展成为其所面临的重要问题。因此，笔者针对现阶段我国纺织品检验检测体系的现状以及相应的解决对策提出了自己的一些看法。

1 纺织品检验的重要性

纺织品作为必不可少的生活用品，在经济发展中起着重要作用。近年来，我国纺织品行业迅速发展。然而"欲速则不达"，质量问题成为消费者心中大患。如上海"毒校服"事件等，服装是跟皮肤接触时间最长的物品，如果其含有有毒有害物质（如可致癌芳香胺染料、甲醛等），会对人体造成严重的伤害。因此，为保障消费者的身体健康，促进纺织行业向更好的态势发展，加强纺织品检验检测水平势在必行。

2 纺织品检验检测机构现状及问题

我国纺织品检验检测业起步于20世纪80年代初期，是计划经济的典型产物。目前其面临的状况比较复杂，内在方面，许多企事业单位、科研机构正在进行管理体制改革。外在方面，我国开放检测市场后，国外先进的检验检测机构大规模进入，市场营销环境发生了显著变化。此外，国际上对人体健康和环境保护提出了越来越严格的要求，设置"绿色壁垒"力度也大幅增加。多重因素影响下，国内检测机构也暴露出缺乏科学管理体系，检测技术相对落后，数字化、信息化程度低等诸多问题。

2.1 市场化程度相对较差，缺乏科学的管理体系

国内纺织品检验检测机构，以质量监督部门管理的国家检验检测机构为主。因长期以政府形式运行，与国际先进检测机构相比，缺乏科学、系统的管理体系和经验，虽然占市场优势，但检验检测技术和管理水平较低，与国际互认程度不高。

当前，有些纺织品检测机构不是非常重视客户服务工作，客户服务工作存在一些问题，阻碍了检

测机构的发展壮大。客户服务的理念并未深入人心，各部门之间的协调与服务不到位，导致在服务客户时部门之间相互推诿，不能及时解决客户的疑问。除此之外，检测机构还存在客户服务体系不成熟和不健全，缺乏整体性与完整性，客户服务的模式较单一，客户满意度测评体系不完善等问题[1]。

2.2 纺织品质量检测标准仍然落后于国际先进标准，检验检测技术相对落后

检测技术是纺织品检验检测工作质量的决定性因素，但是经济发展的不均衡性使得我国许多欠发达地区在检测仪器配备方面明显不足，有些偏远地区甚至没有正规的检测机构，因此产生了许多质量监督、检验的漏洞。即便是在经济相对发达的地区也并不意味着纺织品检验检测体系完全不存在问题。目前技术壁垒已经逐渐成为主要的国际贸易非关税型壁垒。我国纺织品标准虽然参照国际标准做了补充修改，与发达国家相比仍不完善、不健全。比如对有害物质的检测方法和控制技术研究远远落后于外国标准的出台速度。被欧洲国家列为纺织品有害的物质，我国仍然有些缺乏统一的检测标准，不能满足进口国家的市场准入要求[2]。功能性纺织品、纤维新产品、智能纺织等领域标准的修制订仍需进一步完善[3]。

2.3 信息化程度低，数字化资源稀缺

国内检测机构基本拥有自己的网站，但是内容大多是介绍实验室和仪器设备信息，几乎很少包含检测数据库，更谈不上云检测技术的运用。其中有许多机构积累了一些检测案例和方法，但是关于服务信息、设备检定方法、标准物资源、样品检测方法等数字化资源缺乏，机构分散，缺乏联合服务平台，资源利用率比较低。国内检验检测体系存有较为严重的行业、条块分割等现象，较低水平的检测室重复建设，造成了一定程度的资源浪费。

3 针对纺织品检验检测机构存在问题的分析与探讨

纺织品检验行业，在受到国际认可和权威性挑战的同时还需要应对服务水平的竞争。因此，纺织品检验行业应真正认识到机遇和挑战，尽快适应市场的需求，加快与国际接轨的速度，整合自身优势特点，提高管理水平，缩小与国外检测机构的差距，提高帮助企业解决质量问题的能力[3]，适应企业多变的技术需求，为纺织品生产企业提供优质价廉的服务。

3.1 建立科学的管理体系

3.1.1 加强实验室质量监督，降低风险

依据相关国家标准、法律法规、技术规范、内部体系文件等要求，开展检验检测的监督活动，提高检测报告的公信力。发现问题及时纠正，充分利用质量监督结果，增强防范风险的意识。

3.1.2 实施全过程的质量控制

自休哈特（Walter A. Shewhart）把统计方法应用于检验质量控制[4]，如今许多检验检测机构已意识到质量管理是保证管理和技术水平的重要途径。实施全过程质量控制，即在检验全部过程中控制所有对结果有影响的环节和因素，保证结果准确可靠。检验前应组织抽样人员学习培训，掌握不同检验项目的抽样要求和注意事项，严格按标准和规程抽样，还要重视样品的运输和储存，避免因送检不及时、样品状态发生变化等影响检验数据。检验过程中应重视待检样品的交接工作，由专人负责接收传递样品，对样品进行核查签收。严格按本单位《程序文件》规定控制实验室物品采购、出入库、使用情况，仪器设备购置、使用、检定、维护等。严格按照《仪器操作规程》实施检测活动，做好实验室内、外部质量控制。检验后，检测数据的编制以及结论判定应由得到授权能够胜任的技术人员进行[5]。建立三级审核制度，检验结果及时发放。同时应对有保存意义的已检样品妥善保存，确保在有效保存

期内能够追溯到原始样品数据。

3.1.3 严格控制检验检测的影响因素

为了保证检验质量，必须使所有影响因素全面受控，用体系的概念去研究分析各因素间的联系，以整体优化为原则处理好各因素的协调关系。实施人力资源战略，重视检验人才的培养，引进高层次的专业技术人才，加强人员培训，提升技术水平。我国检验人员缺少必要的培训渠道。相比先进国家，我国检测技术人员培训严重不足。因此，我国应建立有效的人才培训机制，加大投入，在高校开设与检验检测相关的专业和建立专业培训基地。科学、有效地管理仪器设备，建立并严格执行仪器的评估、确认、维护和校准等管理制度，确保仪器设备符合使用要求。此外，还有确保温湿度等环境条件符合试验要求等。

3.2 完善健全标准体系，加大检验检测技术手段的改造力度

不断提升研发水平，与高校、科研机构联合开展检测技术的开发、新标准的制定和修订，完善健全我国的国家标准和行业标准，与国际最新要求保持一致。突破新型面料等检测方法和服务项目的研究，加快对国外先进标准理解和掌握，为进口纺织品验货检验打下技术基础。

技术是市场竞争下发展的核心能力，纺织品检测机构要适应新的竞争要求，就要加大检测技术手段的改造力度。改善实验室条件，新建设实验室要按照国际先进一流的标准来设计。更新老化设备，突出检验的专业优势，大容量、快速检测是纺织品检验设备发展的主流，国际上纺织品检测设备向标准化、规模化的控制技术和数据统计、处理、分析软件包的方向发展。突破检验的传统常规项目，扩大检测范围。随着科技水平的发展，出现了聚乳酸纤维、聚对苯二甲酸丙二酯纤维、导电纤维、抗紫外线、红外线纤维、多重多异复合纤维等新型原料以及防电磁屏蔽、抗静电、抗菌、防风防水透气织物等功能性纺织面料。无论是新型纤维，还是功能性织物，肯定要增加相应的检验项目，还需要研究新的检验技术和内容[6]。

3.3 建立信息共享平台，实现检验检测数字化信息化

检测机构应积极采用网络化、信息化、自动化技术，建立检验检测与质量评价体系，全面深化改革管理模式和政策法规、市场、技术信息传播方式，形成质量管理、咨询、检测、评价、仲裁的工作体系，使机构具备远程咨询、诊断、培训等服务功能。同行间增加交流，可以学习借鉴彼此的经验教训，了解行业发展动态，吸收新理念、新技术，提高自身的技术水平。以自身的优势项目为依托，打破地域界限，形成品牌效应。也可与国外检测机构联合，开拓国际市场，与纺织企业、仪器生产厂家联手，共同建设实验室，共同分享信息资源等。

4 结论和展望

国内检验检测机构在经历来自国际同行业竞争冲击的同时，也在承受着向市场化经营模式转变的压力。从自身发展角度来说，必须做好长远的战略规划，不断更新检测技术方法，引进一流设备，积极扩展检验项目，加强人员培训，提高研发水平、检测能力，让我国纺织品检验检测行业尽早与国际接轨，促进纺织行业向更佳态势发展，为消费者穿着安全保驾护航。

参考文献

[1] 徐巧林，邢娇娇，张茜. 浅谈我国纺织品检测机构的客户服务工作[J]. 中国纤检，2015（8）：59-61.
[2] 徐建云，黄启英，娄亿，等. 浅谈国内纺织品检验检测行业发展的机遇与挑战[J]. 中国纤检，2022（8）：96-101.

[3] 黄素平,陈春侠,姜为青,等.新常态背景下纺织服装产品检测供给侧改革研究与探讨[J].专题与论述,2020(12):80-82.
[4] 科杰尔·麦格森纳,戴格·克劳斯里德,鲍·伯格曼.六西格马:通向卓越质量的务实之路[M].北京:中国标准出版社,2001.
[5] 段振华.市场经济条件下质检机构改革探究[D].郑州:郑州大学,2006.
[6] 腾牧.F检测所发展策略研究[D].厦门:厦门大学,2007.

作者简介:

张洪梅,硕士研究生,工程师,标准科研室主任,主要研究方向为纺织品检验检测及标准化。
季王滨,本科,助理工程师,标准科研室科员,主要研究方向为纺织品检验检测及标准化。
陈亮,本科学历,初级职称,淄博市纤维纺织质量监测研究院业务室副主任,研究方向为实验室质量管控。
黄龙,本科,助理工程师,认证服务办副主任,主要研究方向为纺织品检验检测及质量工程管理。
陆尧,本科,助理工程师,纺织室质量总监,主要研究方向为纺织品检验检测及质量工程管理。

高性能云计算科技创新领域标准化工作进展研究

张 敏

（浪潮集团有限公司）

摘 要 为发挥云计算在市场内更高的效能与价值，开展高性能云计算科技创新领域标准化工作进展的研究。分析云计算的产生背景与特征，阐述高性能云计算在科技创新领域中的关键技术包括高可靠系统技术、海量数据处理技术；明确云计算是一种新型的计算与业务模型，具有高可用性、动态可扩展性、按需使用、按量付费等特点，云计算作为一项重点工程，在较早阶段便开始了部署和实施，因此高性能云计算科技创新领域标准化工作的最早阶段为服务阶段；随着云计算等相关研究的持续推进，高性能云计算在科技创新领域中的应用越来越广泛，云计算科技创新领域标准化工作进展到"SOA 完善阶段"；现阶段，用户无需使用专门技术和专用设备，便可以在网络上使用服务程序获取云资源，因此在相关工作持续推进的背景下，云计算技术目前已经进入创新发展与应用阶段。

关键词 高性能 关键技术 工作进展 标准化 科技创新领域 云计算

1 引言

近几年，云计算在市场内的发展呈现良好的趋势，随着企业对云计算的认知不断深化，产业界和学术界已经形成了一些关于云计算核心概念的共识，并初步认可了云计算在科技创新领域所带来的新型服务与消费模式[1]。在深入此方面内容的研究中发现，云计算为用户提供了一个集计算、存储、管理为一体的虚拟资源空间，同时，云计算还拥有强大的运算能力，可以随时随地进行共享资源的处理与运算[2]。云计算不同于传统的数据中心，其不需要用户自己搭建、维护，只需要向外租赁就能得到所需要的服务，属于一种全新的市场服务模式，既可以减少信息化的投资费用，又可以提高企业的工作效率[3]。云计算的应用前景十分广阔，对未来世界的经济、科技发展进程将造成较为直接的影响，因此，很多国家都将云计算引领的产业作为一个优先发展的战略产业。许多公司在开展此方面研究后，花费大量的精力、资源研发云应用，力求在最短时间内占据行业的制高点。近年来，与云计算相关的技术规范与标准已成为国内外学术界与企业界共同关注的焦点，同时也引起了产业界的高度重视[4]。国际标准化组织、多个国际社团组织相继发起了与云计算有关的标准化工作，国内有关标准化机构也开始着手对其进行标准化的研究与规划。总之，云计算是高新科研领域的研究与关注重点，为实现对研究成果的规范化应用，发挥云计算更高的商业价值，本文将在此次研究中，开展高性能云计算科技创新领域标准化工作进展的研究，带动现代化技术的发展与应用。

2 云计算的产生背景与特征

1960 年，JohnMcCarthy 提出"未来，计算能力会成为社会中的主要公用设施"，这也是云计算概念的由来。在深入此方面内容的研究中发现，网格计算是 1980 年后期出现的一种新兴技术，此项技术将多台不同类型的计算机集中在一起，用于处理一些比较复杂的问题[5]。1990 年以来，虚拟化概念衍生，虚拟服务器开始向更抽象的方面发展，而公共计算则以机群为虚拟平台，以可量化的商业模式、机群为基础。2000 年左右，以 Web Service、SOA 为代表的一系列面向业务的理念与技术得到了迅猛的发展[6]。云计算就是以上述提出的各种技术为基础，通过几十年的发展和进化，逐步变得成熟的。

云计算主要具有如下几个方面的特点，相关内容见表 1[7]。

表 1 云计算特点

序号	特点	描述
1	按需自助式服务特点	用户可以直接通过云计算程序获取网络存储、时间存储等资源
2	访问自由性特点	用户可以任意选择终端进行网络访问
3	资源池独立性特点	可以根据用户的个性化需求，动态释放与划分资源
4	弹性特点	根据终端存储数据量，释放部分数据以避免节点数据负载过高
5	可量化服务特点	可以通过量化的方式，实现网络服务、网络资源的自动化控制

通过上述方式，完成云计算技术产生背景与特征的分析。

3 高性能云计算在科技创新领域中的关键技术

3.1 高可靠系统技术

支撑高性能云计算在科技创新领域中应用的关键技术为高可靠系统技术，系统技术需要大规模、集群化计算机系统作为支撑，当末端计算机规模呈逐步增加趋势后，如何保证末端系统的高可用性，将成为高性能云计算在科技创新领域中应用的关键[8]。为满足与之方面相关工作的需求，需要采用监控、调度等方式，建立一个计算机虚拟化资源池，以此种方式，为云计算提供大容量计算力[9]。图 1 为云计算中高可靠系统技术的支撑要素。

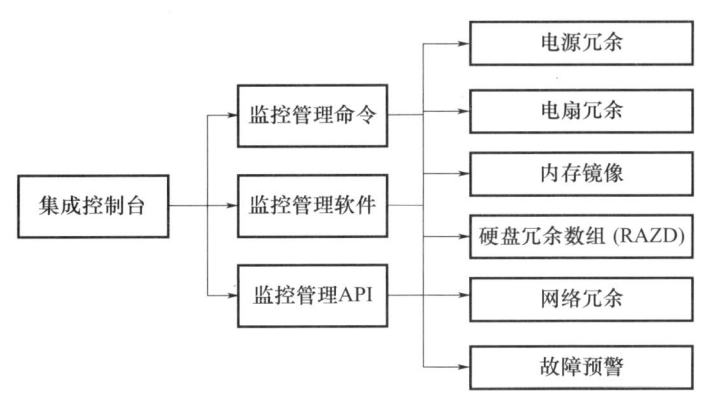

图 1 云计算中高可靠系统技术的支撑要素

图 1 从云计算集成控制台、监控管理、一体化控制服务程序三个层次，说明了数据中心的可靠性所要处理的元素。其中，云计算集成控制台是保障数据中心运行可靠的基础，而监控管理则是在数据中心发生故障时，及时发现问题并采取有效措施进行维护与替换，以提升数据中心数据的可用性。

3.2 海量数据处理技术

云计算数据中心内通常存储或集成海量数据，数据在其中大多以 TB、PB 量级表示，如何在海量的数据集合中，快速提取有效数据或需求数据，将成为云计算技术应用成功与否的一个重要因素[10]。为更加精确、快速、高效地数据挖掘，需要采用新的思想、方法和算法，以实现对海量数据进行有效的存储与管理。因此，高性能云计算在科技创新领域中应用的另一关键技术为海量数据处理技术[11]。海量数据处理技术的构成要素见表 2。

表 2 海量数据处理技术构成要素

存储、管理	・分布存储、集成控制台 ・数据安全、数据备份 ・快速检索
数据挖掘	・并行技术 ・时效性 ・负载均衡技术
数据带宽	・可靠性链接、低延迟 ・吞吐量、流量评估 ・冗余、高性能

从表 2 可以看出，存储在云端的数据主要从三个层面进行数据处理与管理，只有满足以上设计需求，才能确保高性能云计算在科技创新领域中的应用发挥出预期效果。

4 高性能云计算科技创新领域标准化工作进展

4.1 高性能云计算服务阶段

云计算是一种新型的计算与业务模型，具有高可用性、动态可扩展性、按需使用、按量付费等特点。多个国家相继制定了与之匹配的战略计划，并出台了相应的指导政策与措施，以此加速云技术的发展与应用。我国也把云计算作为一项重要的战略性新兴产业，大力推进其发展。总之，云计算作为一项重点工程，已在较早阶段便开始了部署和实施。高性能云计算科技创新领域标准化工作的最早阶段为服务阶段，自 2009 年起，NIST 在云计算的应用模式方面，对其进行了标准化，明确了高性能云计算在市场内的应用主要涉及三个方面，分别为云计算定义、服务模式、服务部署模式。

在此阶段中，可以将云基础设施作为高性能云计算服务的支撑，系统供应商可以根据实际情况，为用户提供软件、计算、数据存储、数据处理、系统操作等服务与基础资源，以此种方式，在云服务终端部署各种软件，以实现高性能云计算操作系统与应用业务的完善与优化。在此过程中，科研单位在开展了大量实践后，提出了"平台即服务"的工作理念。PaaS（平台即服务）是由云计算平台提供商供应的商业软件开发和运行环境，并将其作为一项服务提供给用户[12]。作为服务的云平台必须建立在云计算基础上。使用者不仅可以在云端平台提供的开发环境中建立自己的商业应用，还可以在云端平台的运作环境中进行服务程序与应用的商业运作。随着相关工作的持续推进，高性能云计算科技创新领域标准化工作进展到"软件即服务"阶段，在此阶段中，以网络为载体，为使用者提供其个人所需的软件服务。SaaS（软件即服务），就是基于云端架构的软件应用程序，早期的软件服务系统和云软件服务系统，在用户体验方面，比如新浪电子信箱、Gmail 电子信箱等，所面对的用户较为相似。而云计算中的 SaaS 优势在于能够对后台资源进行动态调度，相比其他云服务软件程序，云计算机 SaaS 具有更高的可扩展性，这也是其他软件所不具备的。

4.2 云计算 SOA 完善阶段

随着云计算等相关研究的持续推进，高性能云计算在科技创新领域中的应用越来越广泛，云计算科技创新领域标准化工作进展到"SOA 完善阶段"。

在以色列特拉维夫召开的 2009 年全会上，国际标准化组织 ISO/IEC JTC1（分布式应用平台与服务分技术委员会，简称 SC38）通过了云计算决议，并成立了专门的研究小组，包括 Web 服务、面向服务架构（SOA）以及云计算研究组。中国是 ISO/IEC JTC1 的倡导者，在中国代表团的努力下，有关领导担任了工作组的召集人、云计算项目组秘书，为云计算和SOA两项新技术领域的研究提供了一个良好的基础，使高性能云计算科技创新领域标准化工作从"被动跟随"转变为"积极引导"。

近年来，在SOA标准化领域，包括OASIS、Open Group、OMG、万维网络联合会在内的一些国际性协会都在大力推进云计算SOA的标准化工作。但是，在此阶段中，各机构之间仍没有形成一个相对系统的SOA架构开发标准，且各机构之间的标准还存在着重叠、冲突等问题。

国际上有两个标准研究小组，其一隶属于ISO/IEC JTC1/SC7（软件与系统工程分技术委员会，简称SC7）的IT研究小组，该小组主要工作是研究云计算环境下IT治理标准化问题，并在新西兰、中国、斯洛伐克等国以开发项目的方式，进行了SOA等相关工作的深度剖析。其二是在IT研究小组下，建立了一个云计算研究小组，其主要使命是建立与云计算有关的术语，进行与云计算有关的标准化市场，对企业和用户的需求进行研究，并对云计算标准化的研究进行起草。总之，在此阶段中，随着相关工作的持续推进，云计算SOA初步优化并趋近于完善。

4.3 创新发展与应用阶段

在高性能云计算科技创新领域标准化工作的持续开展下，云计算进入到了创新发展与应用阶段中。从云计算SOA完善阶段至今，市场对于云计算行业还没有一个统一的定义。

根据ISO/IEC JTC1统计数据，现有超过20余条关于云计算的定义。不同机构、企业和组织对"云计算"的定义各不相同，以下是一些典型的"云计算"定义。对于云计算服务商来说，云计算是一种按需使用、按量付费、可以向客户提供数据基础结构、资源的一种服务；从用户的角度来看，用户可以利用云计算，随时随地获取云中数据及各类应用服务。维基百科中给出定义，"云"指的是一种新型的、以Internet为基础的计算模型，此种计算模型可以为个人和公司用户提供多种、不同的服务。美国标准与技术研究所提出，"云"属于一种数据资源池，其本质是数据存储中心，具有数据可共享、资源可配置等特点，其中包括计算机通信网络、服务器、应用程序等，并具有自主管理功能，使用者可以通过任何设备便可获得所需要的资源。美国伯克利提出，"云计算"是一种在因特网上以一种服务方式提供的程序，相对于目前被国际标准化组织认可的云计算的定义，NIST的定义得到了更高的认可，并在后续的科研技术报告中将此定义作为核心定义。现阶段，大部分科研人员在进行云计算的研究中，将云计算看作是一种基于用户、供应商和开发者三个角色的新型计算模型。用户无须使用专门技术、专用设备，便可以在网络上使用服务程序获取云资源，供应商则可以在网络上按需使用、按量收费，并且此过程通常是虚拟化、并以服务形式提供的。开发人员需要将不同的软件和硬件资源打包到服务程序中，要对服务程序进行创建、发布、规范化需求分析。通过此种方式，发挥高性能云计算在科技创新领域中的更高价值与效能，满足云计算技术的创新发展与应用需求，实现与之方面相关工作的持续推进。

5 结语

为了适应我国云计算产业发展现状和需求，国务院和有关部委正在大力推进创建示范性应用等工作。在我国积极探索、大力推进云计算发展的同时，国际上也在积极推动云计算相关技术和产品标准的制定工作。为发挥高性能云计算在科技创新领域中的更高价值，本文从高性能云计算服务阶段、云计算SOA完善阶段、创新发展与应用阶段三个方面，开展了高性能云计算科技创新领域标准化工作进展的研究。目前，国家已经有了相应的组织，开始对云计算进行标准化科研，同时也有了独具特色的产业，以提高国内云计算的竞争优势，比如浪潮的云业务战略等。而这一切都是未来云计算标准化的重要基础与先决条件。标准化工作与实际的产业发展是相互促进的，因此，在后续的工作中，还将加大对此方面工作的投入，将标准化为引导，指导实际工作的开展，有效保障实际工作的效率，使其发挥出最大的价值，指导新兴产业高效、有序、健康地发展。

参考文献

[1] 邹建伟,张明,唐强.横琴粤澳深度合作区促进澳门产业多元发展的困境及对策:以科技创新领域为主要观察视角[J].特区经济,2023,(4):29-32.

[2] 苏振华,张淼,吕淮北,等.发挥新时代航天科技领域专家群体作用的创新实践研究[J].航天工业管理,2023,(3):16-19.

[3] 罗隆.基于ZigBee网络及WebOS云计算技术的智能家居安防系统设计[J].机电信息,2023,(6):43-45,49.

[4] 李玉琼,陈奕帆."三高四新"战略背景下湖南前沿科技领域创新治理体系构建研究[J].湖南行政学院学报,2023,(2):38-46.

[5] 姚心仪,朱天聪,张虎翼.制造业领域创新型企业的科技人才队伍建设:基于我国飞机制造企业实践的研究[J].中国科技人才,2023,(1):62-69.

[6] 胡美佳,刘希瞳,李忠杨.砥砺科技创新 铸就有色强国:记获聘"中国五矿科技领域高层次人才"的恩菲专家[J].中国有色金属,2023,(4):46-51.

[7] 周詹.聚焦生态环境质量改善 构建绿色技术创新体系:《"十四五"生态环境领域科技创新专项规划》公布[J].中国科技产业,2022,(12):44-45.

[8] 解沛,贾亚雄,宋子涵,等.建立长周期稳定支持机制 探索农业领域科技创新新格局[J].农业科技管理,2022,41(5):4-6,65.

[9] 曹树金,闫颂.基于语义角色信息的科技论文创新段落定位及功能句识别方法研究:以中文情报学领域论文为例[J].情报理论与实践,2022,45(11):1-9,20.

[10] 揭永琴,刘笑.加快构建面向未来产业的创新人才培养体系:来自美国量子科技领域的经验[J].上海质量,2022,(9):33-34.

[11] 李笑曼,王文月,臧明伍,等.基于科技创新成果现状的我国食品产业科技创新能力分析[J].食品科学,2022,43(15):345-356.

[12] 陈汉武,余昶颖,张一博.国家农业科技园区:聚力农业领域创新 激发乡村振兴新动能——湖北省农业科技创新之二[J].中国农村科技,2022,(7):11-14.

作者简介:

张敏,女,汉族,山东师范大学计算机软件与理论专业,硕士研究生,ISO/IEC JTC 1/SC 38注册标准专家,IEEE注册标准专家,现任浪潮集团浪潮云信息技术股份公司市场业务部部长,中级工程师,研究方向为云计算、大数据领域的标准化。2016年至今先后牵头一项国家标准,参与29项国家标准的制定工作,2020年、2022年获得"全国信息技术标准化委员会"云计算标准化工作先进个人,2022年获得"中国通信标准化协会"优秀标准专家。

浅谈安全生产标准化在现场管理中的落实

卜洪涛　李晓宁

(泰山索道运营中心)

摘　要　本文结合索道设备管理现场实际，从安全责任落实、教育培训、班组建设、安全操作、应急处置等方面探讨了客运索道安全生产标准化体系如何在现场管理工作中得到落实，如何控制安全作业流程，从而让索道安全管理基础工作更加规范。

关键词　风险　隐患　安全

1　前言

《客运索道企业安全生产标准化基本规范》是一套完整的管理体系，包括安全目标、管理制度、教育培训、现场管理、风险管理、应急管理、服务质量等子项目，具有可复制性。现场管理作为安全生产标准化中的一项重要内容，包含设备设施、作业环境、作业行为和作业安全，标准化对现场每一个作业流程都有一定的规范和要求，可以较好地控制作业流程，减少工作失误，杜绝管理漏洞，提升安全保障能力，从而让安全运营基础工作更加规范、正规。

2　落实全员安全责任

客运索道日常现场管理中落实安全生产标准化体系，需要落实安全责任、打造安全的作业环境、实现安全作业、认真检查实施的效果，不断总结改进，规范作业程序、立足实际，不断改进丰富标准化体系内容，构建安全生产长效机制。

落实全员安全生产责任，是客运索道运营单位效益最大化的有效保障，索道取得良好效益的前提和基础是安全，落实安全生产责任制的目的是凡事有人负责，有据可查，隐患处理及时彻底，使生产安全得到有效保障。

泰山索道紧紧围绕安全运营目标，层层落实责任，节假日等客流高峰期间，泰山索道运营中心(以下简称"中心")领导带头深入一线，现场调度指挥，充实岗位人员，各部门联动，为安全运营保驾护航。自上而下开展以问题为导向，以工作提升为目标，立足本职岗位，发现问题、分析问题、解决问题为主题的活动，结合个人的工作实际，从思想上、作风上、工作上、措施上进行深刻剖析，排查安全薄弱环节，制定整改措施。

3　源头保障本质安全

组织编写了《设备维修作业质量控制单》《泰山索道维修作业指导书》《泰山索道技术管理手册》等实践性较强的工具书，有利于现场人员按规程操作，杜绝违章操作；设备本身具有较完善的安全防护功能，具有保护操作人员健康和安全的措施，性能和运行安全可靠；系统内人机互补，设备先进，培训到位，实现零缺陷、零风险、零事故。

泰山索道广泛开展了安全生产标准化、安全风险评估、设备换代升级等工作，进一步夯实安全基础，高压配电设备采用干燥空气绝缘环网和紧凑型开关柜，保护操作人员避免触及带电部件，保证人员安全，开关柜所有带电开关部件密封在与外界隔绝的不锈钢干燥SF_6（六氟化硫）气室内，不受外在环境变化影响；可扩展容量的智能式保护继电器和真空断路器配合替代常用的高压熔断器来保护变压器，确保了设备供配电工作可靠，人员安全以及实际使用时的免维护。

4 全员培训提高隐患排查治理能力

按照中心和索道站部署，按要求做好法律法规、职业健康安全知识、标准化相关内容培训，开展"遵守安全生产法、当好第一责任人"专题活动。

遵守安全生产法，人人都是第一责任人；中心上下深入学习贯彻习近平总书记关于统筹发展和安全问题、抓好安全生产的重要论述，树牢安全发展理念，履行"第一责任人"的各项责任，自觉自警，当好安全运营的守护人。

结合机电岗位要求，开展分级分类、全员覆盖的安全教育培训，确保各级人员具备并持续增强安全工作意识和知识。以《机电维修作业指导书》和《模拟电路故障分析与处置》为主线，制定主电机、变频器、离合器、PLC、制动系统等专题培训学习计划，交叉进行机械、电气、控制等专题学习，通过交流培训，更好地履行安全责任，提升工作效率及安全能力。让业务骨干备课，为机电员工授课，通俗易懂地讲解变频器、液压张紧系统、安全保护等专业设备，通过记录笔记、集体学习、培训考核、交流总结等不同方式，从原理上掌握要点，提升解决实际问题的能力。尽可能将培训方案、计划和内容做细做全，让大家提前知晓计划，着手准备课件，课件中需兼有基础预备知识和设备相关知识，使培训有目标、有效果。

5 持续深化升级班组安全文化建设

最基层的部门是班组，班组需要落实设备日常安全检查、检修维护、快速响应、安全防护等工作，是做好各项标准化工作的基础。泰山索道以安全运营为中心，重视基层班组建设，推动班组建设向高标准发展，把班组作为职工成长锻炼、提升素质的主要平台，作为安全运营保障的基石，是提升核心技术水平的一项重要内容。

持续对班组管理进行探索创新，全面落实各项安全操作制度，强化班组的执行力，规范落实操作流程，提高安全操作能力，促进中心制定的安全规程和现场管理措施得到落实。利用信息化管理平台，把精、细、严、实落实到每个环节中，检查按时到位、保养到位、维修到位、监督到位，步步落实。规范班前会、班后会工作要求，把事前预防作为管理重点，进一步提升员工的安全意识。熟悉个人的工作流程，包括设备保养、总成更换、大中设备检修等维修计划的制定需从多角度去展现、多层次去跟踪，结合实际情况，适时改变原计划，制定最佳方案，以使设备发挥出最大性能，完善提升科学管理水平，为中心和社会创造最大的价值。

强化班组学习交流，邀请业内和身边的专家来讲课，让职工积极参与，最大限度地发挥工作主动性，触目惊心的各类事故案例，让大家更加感受到安全生产的重要性，深刻了解事故的危害。组织职工讨论身边典型事例，及时处理安全隐患，讨论深层原因，用发生在身边的事影响身边的人，自觉摒弃不良的行为习惯，集思广益，细致入微，由常规经验式管理转化为精细化管理。始终保持清醒的危机意识和防范意识，及时发现，超前防范。认真梳理总结典型案例，提高安全操作和应急处置能力，员工的综合能力得到有效提升，安全运营得到保障，减少工作失误，为基础工作管理再上新台阶提供专业化保障。

6 强化应急管理提升突发事件应急处置能力

时刻绷紧安全弦，定期开展应急救援、消防灭火等演练，立足"会救能救"，提高机电人员紧急救援技能，提高整体协作救援能力，在救援装备现代化、救援技术规范化、救援指挥信息化等方面，持续推进应急救援综合能力建设，夯实泰山索道应急救援安全基础。2023年完成的应急救援演练，同时涵盖水平救援和垂直救援两个科目，救援过程中采取水平救援模式，地面卷扬机先将主救人员平稳地牵引至目标位置，随后采用垂直救援模式，主救人员将车厢内乘客安全降落至地面，完成第一个车厢救援后，重复同样方式，再完成第二个车厢救援任务，直至全部救援成功。

7 模拟演练提升应急处置水平

根据设备运行状况，模拟设备运行故障，研讨有效处置方法，进而编制《故障模拟分析与处置》。

正常运营中，上站显示屏突然出现车位离合器过流故障，造成停车；离合器的作用是在指定位置保持或释放车厢，控制车厢间距，避免车厢碰撞，电磁制动器通过扭力臂连接到轮胎支撑梁，弹簧动作离合器连接到轮胎传送机的皮带轮上，相连接的轮胎在离合器通电时可被驱动，离合器断电时可被制动。

离合器过流通常是由于负载过大造成的，如果车厢在离合器位置卡住而不能前行会造成过流故障，电压过低也会造成离合器的过流，多由于线圈损坏、短路、接地造成的离合器离合线圈过流，致使离合器离合功能失效，车厢无法正常通过离合器位置，继而造成故障停车，其他的原因包括主控模块输出故障、接触器触点烧蚀或热继电器故障、机械卡阻等，此故障现象较为明显，故障点比较直观，但排查或处理过程可能需要较长时间，更换离合器耗时更长。

控制室内值班人员立即检查车厢位置、触摸屏和控制柜内故障，复位热保护继电器，准备恢复运行，其他值班人员迅速行动，观察故障位置的车厢号以及车厢各部位动作灵敏度，最终发现故障原因为车厢的开关门操作机构疲劳变形，造成车厢在出站侧开关门机构处卡阻，离合器得电后驱动车厢前行，由于车厢被开关门机构卡住，造成离合器过流故障。随即联系控制室，尽快恢复索道运行，运行过程中，时刻注意车厢和离合器的运行状态，同时向下站值班人员通报故障情况，准备好应急处置工具，故障车厢到达下站后，下站的机电人员早已准备好应急处置工具等候，车厢减速运行后，用专用工具快速地将变形的开关门机构扳回正常位，经过站内开关门正常开启关闭试验后，设备恢复正常。上、下站机电人员快速联动处理，既提高了故障处置效率，缩短了停车时间，又验证了处置效果。

如何将标准化落实和推进标准创新，形成自我循环、自我提升的新模式，仍然需要我们持续不断地努力。

作者简介：

卜洪涛，男，大学本科，工程师，泰安市泰山索道运营中心桃花源索道机电科主管。参与了泰山桃花源索道质量升级工程和安全生产标准化创建达标工作，2015至2021年被聘为中国索道协会安全生产标准化评审委员会评审员，积累了较为丰富的安全生产标准化创建和设备管理经验。

李晓宁，男，大学本科，助理工程师，工作单位为泰安市泰山索道运营中心。参与了泰山桃花源索道质量升级工程和索道安全生产标准化创建达标工作，一直从事设备管理工作，积累了较为丰富的设备管理经验。

浅谈客运索道企业安全生产标准化建设对服务质量提升的实际应用

赵 谦 李芸珠

(泰山索道运营中心)

摘 要 客运索道安全生产标准化作为客运索道营运的重要基础标准规范了实际运营中的方方面面，本文以中天门索道标准化工作实际建设为例，浅谈标准化工作对于服务质量提升的重大意义和实际应用。

关键词 客运索道企业安全生产标准化 运营服务 服务质量提升

1 前言

客运索道企业安全生产标准化包含了目标职责、制度化管理、教育培训、现场管理、安全风险管控及隐患排查治理、应急管理、事故管理、持续改进、服务质量共九个方面的核心技术要求，以适应当前客运索道行业发展的客观需要。服务质量就是对于客运索道运营服务的规范化要求，此标准是客运索道做好安全生产标准之后的更高要求，也体现了当今社会对于服务认知提高，从基础服务到更高质量的需求，服务质量的提高是客运索道发展的重要客观需求。

中天门索道多年来的标准化建设，始终将服务质量作为重要内容进行整改提升，力求将标准化工作落到实处，完善服务结构和服务体系，规范服务行为和从业人员认识，实现运营服务质量实质性提升，满足广大游客的多样化服务需求。标准化服务质量工作从零到有，再到今天的成熟，经历了许多摸索和努力，本文以中天门索道为例从标准化工作对于服务质量的意义和应用两个方面来展开。

2 标准化建设对服务提升工作的重大意义

服务工作是客运索道营运工作的重要组成部分，不可缺少，也不可忽视。随着社会发展，人民群众生活水平提高，服务行业的快速发展，对于服务质量的需求也日益增长，从最初的基础服务需求演变为如今的多样化、个性化、人性化需求，这也要求客运索道服务在营运工作中提升自身的服务质量来满足消费群体的需求；同时客运索道安全生产标准化建设为服务工作提供了规范的服务发展蓝本，是提升服务工作的重要基础和依据。

2.1 满足日益增长的消费需求

社会的发展，人民群众经济水平提高，带来的是消费观念改变，消费理念升级，对于客运索道运营来说尤为明显。中天门索道作为泰山景区内的主要交通工具，服务对象大部分是泰山游客，游客最初的消费需求是乘坐索道代步到达山顶，在消费理念发展后，乘坐的整体感官体验、乘坐是否舒适、配套设施是否齐全、是否具有无障碍通道等都成为游客消费的重要需求和标准，对于游客乘坐满意度调查的结果也印证了这一观点。

增加索道营运收入，是客运索道的重要基础，安全工作是根本，宣传工作是助力，能够满足游客服务需求的服务工作，是实现增收创收的重要基础，游客是否获得了满意的服务体验，很大程度上决定了其下一次是否还会选择来到这个景区、选择乘坐索道游览，只有更多的游客感到满意，才能有更多的游客选择索道，从而增加营运收入。

综上所述，目前游客对于服务需求的提高，决定了索道营运服务质量需要跟随脚步，亦步亦趋进行提升，才能在当今时代中获得更多的经济效益和社会效益，提升自己的形象，保证索道的良好发展。

2.2 提高运营服务规范性

服务行业由于其特殊性，在实际服务工作开展中具有很多主观性，导致不同服务从业人员的服务行为存在差异，这种差异会导致服务质量的参差不齐，这就是服务规范的缺失或服务规范落实不到位。

服务行业中的标杆——空乘服务，能够成为各行各业学习的目标，在很大程度上来自所有从业人员服务行为的高度一致性。规范基于理论和实践的结合，是多年服务经验的总结，可能不是最优秀的，但是一定是最符合本行业实际服务工作开展实际的，将行业服务规范严格执行，就能避免服务工作中的主观性，统一服务质量和效果，索道标准化建设就是根据自身实际情况制定并实施这一规范。

客运索道服务实际工作中，服务规范重中之重。以游客纠纷和投诉事件为例，发生此类问题，进行处理的前提就是了解整个过程，如果在过程中服务者的语言、行为失当，无论最初发生问题的原因是什么，服务者难辞其咎，而服务规范的开展实施，做到服务从业人员在任何情况下都能够按照规范进行处理，约束自身行为，会避免大部分问题产生，即便出现纠纷和投诉，仍可以以客户为首位，则会更加容易处理和解决。

客运索道服务行业具有一定特殊性，站台服务岗位在服务工作之外，同时肩负着一定安全职责，保证游客安全上、下车厢，遇到紧急情况的处置等，这些安全职责更需要相应的规范来指导培训和学习，无论遇到什么情况，都能够根据规范选择最优处理，反应迅速，处置合理，避免更大问题出现。

综上所述，有规范、有秩序、有依据的服务是运营服务中根本要求，无论是在保证安全运营还是服务质量提升中，都是不可或缺的，而标准化对于服务质量的建设，正是服务规范制定和实施的关键环节。

3 标准化建设对于服务质量提升的具体表现

中天门索道自2013年开展标准化建设以来，秉承着以标准化建设为抓手，规范服务流程，提高服务质量，将标准化工作落到实处的理念，对服务工作紧抓不放，不遗余力地提高服务水平，真正做到让标准化建设融入一线服务工作，接下来就通过中天门索道标准化工作的建设和发展，阐述标准化建设对于服务质量提升的实际应用以及取得的相应效果。

3.1 目标与组织

服务的目标与组织是服务工作开展的根本，也是重中之重，明确的服务质量目标可以让服务工作开展更有目的性，方向更加明确；服务组织结构如同服务工作的骨架，结构和岗位的职责划分，直接决定了服务工作是否分工明确、运转顺畅高效。

中天门索道标准化建设以来，就将服务目标作为第一项重要工作，根据国家和行业相关服务标准制定了适合本单位运营的服务质量目标，通过签订服务质量目标责任书的形式，进行目标落实，责任书通过分级签订的形式实现目标分解，管理站—科室负责人—科室成员，逐级签订，责任到人，确保每一名员工深入了解服务目标，以便在实际工作中进行落实。

在服务目标建立后，同时制定了长期有效的考核规定，通过对服务质量目标的分解，每月分岗位进行工作考核，配套建立奖罚机制，对于考核结果进行评估和改进。

服务目标的建立和管理在中天门索道的实际服务工作中效果明显，最根本的基础是服务目标要为职工所接受，目标设置合理，紧靠实际工作，且可以在规定时间内完成。只有各级部门、职工认可，设定的目标才是有实际意义的，才是可以真正实行的，不切实际的目标只会成为表面功夫。通过目标制度与工作考核，将服务中每一个环节进行量化，切实起到服务质量提升的作用，成为标准化建设的基础。

服务组织作为服务工作开展的架构，是服务工作能够有序开展的关键，也是营运服务是否能顺利运转的基础，泰山索道根据工作需要进行了明确的岗位划分，将每一个环节的职责明确到科室，通过制定岗位职责和规范明确每个岗位的工作内容和职责要求，岗位职责张贴在工作区域，在工作中时刻提醒职工应恪守职责，负起责任。

日常实际工作中，明确的岗位和职责划分能够有效推进服务工作进行，不存在推卸责任的现象，从游客进入索道站区、购票、检票、乘车最后下车离开索道，每一个环节都有明确的服务细则和安全责任，每一个流程都由相应的规范进行规定，让服务者的每一个动作都能够有据可循，有规可依，确保服务的规范、优质。这样合理有效的服务组织才是服务工作开展的根本。

3.2　硬件设施管理

服务工作如果分解来看，可以主要分为硬件和软件两个部分，硬件作为服务工作开展的物质基础，也在较大程度上决定了服务工作的上限，再好的软件服务没有硬件支撑也不会有好的效果，在标准化服务建设中，索道中心一直在完善和改进各项服务措施，尽可能为游客提供一个安全、舒适的乘坐体验，同时加强配套设施建设，为游客提供更加多样化、人性化的服务。

售票系统、检票系统、标识、标牌等相关基础设施，属于运营服务中的常规基础部分，中天门索道建立了运营设施日检制度，分岗位进行，由负责人进行签字确认，运营前、运营中及运营后分别坚持各项内容，确保所有设施正常运转，如果发现问题及时上报处理，在设备维修表上做好完整记录，保修科室、维修人员、处理结果等，形成一个完整的管理链。

同时对于无障碍通道、卫生间等配套设施，做到统一管理，定期检查，确保正常使用，这些看似与运营服务关系不强的部分，现在已经发展为游客对于服务质量最直接的感受标准，是塑造良好服务形象的核心内容之一。

3.3　从业人员管理与提升

客运索道运营服务工作与其他服务行业相同，除去服务相关硬件设施外，最重要的组成部分就是从业人员，这是服务工作的根本和主体，也是服务质量提升的关键，服务者的一举一动，一言一行都是服务水平的最好体现。中天门索道对于运营服务从业人员，从培训、教育、评估和监督都形成了完善的管理体系，严格按照服务质量标准化要求，确保每一位员工技能过硬，服务意识够强，切实做好服务工作，力求让每一位游客满意。

3.4　培训教育

从业人员的培训教育工作是工作技能和工作意识提升的基础，在运营服务中，这一点尤为重要，按照每年下发的年度培训计划，运营主管部门对服务相关培训要求进行分解和细化，作出全年服务提升培训方案，培训形式多样，内容广泛，涵盖运营服务的各个方面，同时结合实际工作，以练代学，以学促练。

培训不仅注重过程，同样注重提升效果。每一项服务培训结束后，都会对效果进行评估，对每个员工的提升效果进行评定，形成评估报告，及时对培训内容和培训形式进行调整，不断提升效果，让培训教育的成果直接体现在服务质量的提高上。

3.5 监督机制

保持运营服务质量高位发展，监督机制必不可少。中天门索道在运营服务中始终保持系统的监督，监控设备覆盖整个服务流程，对于所有服务行为做到有迹可循，有据可查，这种实时监控不仅可以让员工始终绷紧服务的弦，也能在发生问题时最大程度地保护从业人员的权益；同时各级职能部门不定期服务监督、检查，及时发现服务中存在的问题，及时纠正，与考核绩效挂钩，起到长效提高服务质量的作用。

监督工作不局限于服务行为，更将关注重点放在服务态度、服务意识等内在方面，这些思想观念是提高服务质量的核心动力，也是从业人员能够真正了解服务工作的关键。通过长期培训和监督结合进行，对从业人员的服务效果管理工作取得了较好成效，用成果推进了标准化服务质量建设。

3.6 整体环境服务

在标准化建设的过程中，对于服务工作的理解和认识都有了更深层的理解，在标准化要求中明确规定环保责任和环境卫生属于服务质量的重要组成部分，在中天门索道的前期服务工作中，将服务的概念仅限于乘坐相关内容，但通过标准化建设工作，有了全面的认识，树立了大局的观念和体系。

环保责任和环境卫生都是服务工作中不可缺少的重要内容，垃圾的分类处理、服务设施消毒、卫生间的保洁工作等都是一个服务窗口服务质量最直观的体现，从游客角度出发，旅游的第一印象往往是这个地方是否干净整洁。

经过提高认识和经验总结后，从制度抓起，确立明确的环保和保洁制度，并每日更新保洁日志，内容比较完整，涵盖了工作的方方面面，做到一天一检查，一天一签字，切实落实了环保和保洁责任，也在游客中收到了许多正面反馈。

3.7 服务改进与反馈

任何工作的发展和进步都要依靠监督和批评，在标准化建设中，对于服务质量的持续改进和提升工作也逐渐完善。

制定服务质量提升计划和服务质量评定报告，两项工作缺一不可，根据报告出计划，根据计划对一年的工作进行总结和评估，进行整改和提升，再产生第二年的计划，形成一个有序有效的闭环管理。每年的服务质量提升计划，细化全年服务工作改进内容，有针对性地提出具体提升项目和内容，将内容划分为学习、落实、考核、整改等环节。通过这样的结构和管理，让服务和工作质量提升，保持有活力，有动力，推进整体运营服务质量发展。

4 对于服务质量提升工作的未来展望

如前文所说，服务质量提升工作已经成为客运索道发展的客观需求，标准化建设对于服务质量提升效果明显，笔者认为在今后的运营工作中，应当重视标准化工作，提高对标准化工作的认识和理解，从思想上做出转变，这是能够实实在在提高服务效果的有力抓手，更是对服务发展更高追求的必经之路。

客运索道企业安全生产标准化作为客运索道的核心规范，对索道工作的各方面都起到至关重要的作用，尤其是服务质量方面，为客运索道运营服务提供了核心框架。中天门索道通过不断摸索，学习标准、结合实际，走出属于自己的服务提升之路，将索道运营服务质量作为索道管理的核心内容之一，推进了运营服务的不断发展和提升。

作者简介：

赵谦，大学学历，泰安市泰山索道运营中心中天门索道运营科班长，参与了泰山中天门索道安全生产标准化创建复审、《泰山索道志》编纂工作，积累了较为丰富的标准化创建和运营服务管理经验。

李芸珠，大学学历，泰安市泰山索道运营中心高级经济师，运营管理部副部长，参与了泰山索道标准体系创建、安全生产标准化评定、国家级服务业标准化试点、泰安市全国旅游服务综合示范市、山东省服务业标准化示范等多项工作，积累了较为丰富的标准化工作经验，被聘为中国索道协会安全生产标准化评审专家、山东省标准化研究院标准化专家评委。

标准化助力企业提质增效

陈 磊[1] 马 蕊[2] 郎晓黎[3]

（1. 烟台市标准计量检验检测中心；2. 山东标准化协会；
3. 烟台市莱山区市场监督管理局）

摘 要 质量是企业之本，标准决定质量，企业应以标准化助力提质增效，从而实现高质量发展。本文阐述标准与质量的关系，介绍了企业开展标准化存在的问题，提出了企业从事标准化工作的相关建议。

关键词 标准化 企业 提质增效 高质量发展

1 引言

质量是企业的生命，是企业之本。市场经济是竞争的经济，而最终的竞争必将是质量的竞争。随着经济社会的发展，质量已经不仅是产品的质量，同时还包括合同的质量、服务的质量、经营的质量等。站在企业经营的角度看，质量就是利润。

《质量强国建设纲要》明确提出：质量是人类生产生活的重要保障。质量作为繁荣国际贸易、促进产业发展、增进民生福祉的关键要素，越来越成为经济、贸易、科技、文化等领域的焦点。面对新形势新要求，必须把推动发展的立足点转到提高质量和效益上来，培育以技术、标准、品牌、质量、服务等为核心的经济发展新优势，推动中国制造向中国创造转变、中国速度向中国质量转变、中国产品向中国品牌转变，坚定不移推进质量强国建设。《质量强国建设纲要》同时还提到：以先进标准助推传统产业提质增效和新兴产业高起点发展[1]。

2 质量基础设施简介

联合国工业发展组织和国际标准化组织于2005年首次提出"国家质量基础设施"的概念，质量基础设施由标准、计量、合格评定组成，合格评定包括检验检测和认证认可。质量基础设施更注重整体性，不单是把各个部分汇集到一起。质量基础设施可用于所有产品和服务，确保这些产品和服务符合客户、消费者、制造商或管理机构的各项要求。

计量是基准，标准是依据，合格评定是手段。消费者希望购买得到认证的产品，如3C认证，CE认证等。为了使认证证书得到承认，认证过程必须标准化，遵循现有各项标准。产品在获得认证证书的过程中必须进行检测，以确定它是否符合标准，这就需要检测实验室按照公认的标准对产品进行检测和分析。检测实验室要提供准确可靠的检测结果，必须能够证明各项测量稳定可靠，即可溯源至国家测量标准，进而溯源至国际测量标准；国家计量机构还为实验室提供校准服务。认证机构和实验室的技术能力必须经过认可。

3 标准化与质量的关系

标准化是为了在既定范围内获得最佳秩序，促进共同效益，对现实问题或潜在问题确立共同使用和重复使用的条款以及编制、发布和应用文件的活动[2]。而最佳秩序包括生产秩序、市场秩序和社会秩序。生产秩序主要就是通过标准化来降低成本、提高质量；市场秩序是指满足顾客要求和赢得市场份额；社会秩序指的是提高社会安全感，构建和谐社会。

通过标准化活动，按照规定的程序经协商一致制定，为各种活动或其结果提供规则、指南或特性，供共同使用和重复使用的文件就是标准。在质量基础设施中，标准是依据，因此标准决定质量，有什么样的标准就有什么样的质量，只有高标准才有高质量。企业要实现提质增效高质量发展，必须重视标准化工作。

4　企业开展标准化工作存在的问题

有一部分企业具有一定的标准化意识，也知道并了解"一流企业做标准"的道理，但是对标准的制修订工作存在一定的认知偏差，很多企业认为这些工作一般由国企等大型企业或者高等院校、科研部门或者政府等参与的，而中小型企业是无法参与的。因此，有些企业往往不知道标准化工作应如何开展。

有些企业虽然知道可以通过开展标准化来提升产品的品质和质量，不断提高企业的管理水平，也可以通过标准化来转化科技成果，从而增强企业的竞争力。但这些企业通常没有建立标准化管理机制，很多企业都没有建立完善的标准体系，在标准实施与监督方面没有具体的步骤与方法，也很少参加国际、国内的各种标准化活动等，没有形成系统的标准化概念，这些企业对标准化的认知仅停留在标准制修订。因此，有一些企业发现开展标准化的成效并不如其他企业显著，就不再继续展开标准化工作。

个别企业知道开展标准化工作对企业的发展是非常关键的，也开展过一些标准化工作，了解一定的方法和途径，但是往往不明白在企业发展过程中哪个阶段开展哪些工作，也不明白开展标准化工作需要具备什么样的能力。例如，企业现阶段是不是可以申请国家级标准化试点，企业是积极申请参与国标、行标、地标制修订还是与相关学会、协会联系参与相关团体标准的制定等。这些企业因种种顾虑未开展标准化工作，结果往往会失去很多机会。

很多企业缺少开展标准化工作的必要资源，包括信息资源、人力资源、专家资源、平台资源、渠道资源等，严重制约了企业标准化工作的开展。这也是造成大部分中小企业未参与国标、行标制修订及开展相关标准化工作的原因之一。[4]

5　企业参与标准化建设的建议

5.1　正确认识标准化在企业发展中的重要作用

我们认识标准化、应用标准化，既不要夸大它的作用，也不要低估它的能量。要利用好标准化来服务企业的发展，企业内的所有人员都要有很强的标准化意识，因为它是企业发展壮大的必然选择。越早认识标准化，越早应用标准化，企业获利越早、获利越大。当企业的管理者、技术人员包括各岗位人员用标准化武装头脑时，大家处理问题的方式就会发生很大变化，企业会获益无限，标准化可以让企业少走弯路，提高效率，节约资源，促进研发及转化，从而不断提高经济效益、社会效益和生态效益。

5.2　标准化应用是全方位的，且是全员参与的活动

如何设计出适用的产品或服务标准，保证产品质量、节约资源、降低成本、实现效益的最大化，这不是一个产品或服务标准能够解决的。我们不仅要有好的产品和服务标准，还需要所有的保障功能更加强大，发挥极致的作用，当一个企业所有的重复性环节、重复性工作都能运用标准化的理念进行

打造，让其发挥应有的作用，标准化的作用才能真正显现出来，企业效益最大化才能落到实处。

标准化活动涉及所有的员工，没有人可以在其之外，企业中所有的员工既是标准化活动的践行者，同时也是相关标准的参与制定者。标准化是讲科学的，是来源于实践的，凡是违背科学、违背实际需要所制定的标准都是没有生命力的，是不会持久的。在企业的标准化活动中，群众是真正的主体，他们在一线工作，最有发言权，好的标准一定是来源于一线员工之手，全员参与标准化活动，企业会收到意想不到的效果。

5.3 注重企业顶层设计，建立完善的标准体系

标准体系建设是组织标准化活动的顶层设计，涉及企业的方方面面，建设标准体系是企业标准化活动的必然选择，至关重要。通过体系建设，企业可以全面掌控生产及管理等方面的情况，有利于企业发展战略的形成。建立标准体系一定要讲求实际、科学设计，体系建设是实实在在的东西，不是虚构的，不是摆设，不是形象工程，大的组织有大的体系，小的组织有小的体系，三至五个标准也可以构成一个体系。这个标准体系一定要涵盖组织所用的产品实现、基础保障、岗位标准等内容。体系建设应满足需求，简明适用，体系不是越庞大越好，标准数量也并非多多益善，体系中无用的标准一定要剔除，要通过简化、统一、协调、优化，使标准数量达到以少胜多，体系整体功能达到最佳为目的。

5.4 积极参与各类标准制修订

企业应当积极参与国际标准、国家标准、行业标准、地方标准及团体标准的制修订工作。企业参与各类标准的制修订工作，有助于体现企业的相关优势：一是可以树立品牌影响力，提升企业战略与形象；二是企业将拥有规则的话语权，抢占市场先机；三是企业可以赢取更高的发展平台；四是可以使企业的市场核心竞争力急剧增强。

5.5 申报标准化试点示范或标准化良好行为

标准化试点示范是以建立完善和推广实施标准体系为主要内容，以传播标准化理念、推广标准化经验、推动全社会运用标准化方式组织生产、经营、管理和服务为目的的典型引路、标杆引领的标准化实践活动[3]，是标准化工作的重要组成部分，起到"探新路、树标杆"作用，对标准的实施、标准化意识强化、标准化能力水平提升具有重要意义。标准化良好行为是指企业按照系列国家标准的要求，开展企业标准化工作，建立企业标准体系并有效运行，企业标准化工作各项活动有序开展并取得良好的经济效益和社会效益。

标准化试点示范和标准化良好行为的核心都是建立涵盖设计、生产、管理、运营和服务全流程的标准体系并运行实施，而标准体系的运行可以降低企业产品成本和管理成本，提升生产、经营和管理水平，提高资源利用效率，从而推动企业产品质量提升，不断提高企业的竞争力。

5.6 加强企业标准的管理

企业标准首先要"保底线"。《中华人民共和国标准化法》规定，企业标准的技术要求不得低于强制性国家标准的相关技术要求，这也是企业标准"双随机、一公开"监督抽查的重点内容。因此，企业在制定企业标准时，一定要遵循相关的强制性国家标准，确保企业标准的"底线"。

其次，企业标准要"拉高线"。《中华人民共和国标准化法》规定，国家鼓励企业制定高于推荐性标准相关技术要求的企业标准。市场监管总局等八部门联合出台了企业标准"领跑者"制度。通过对企业标准进行评估，对产品或服务标准的核心指标处于领先水平的企业标准发布排行榜，确定标准领跑者，并在质量奖评选、品牌价值评价、政府采购等工作中采信。

5.7 重视标准的实施，并不断的修订标准，持续改进

一个标准如果制定出来就没有发挥作用，说明这个标准没有意义，一个标准如果从制定出来就没

有修订过，说明这项标准化事务就没有发展，其结果将是不被需要，或是逐渐被新的标准所替代。

企业要关注每一个标准的使用情况，要认真的分析每一个标准的作用。如果一个标准没有被使用，说明没有存在的必要，那就一定要废止。一个标准如果从制定出来长期在使用，且从没有修订，那一定有问题，因为时代一直在进步与发展，如果以不变应万变，必将遭淘汰。

企业只有不断的创新产品，用标准固化产品，并不断地对产品标准进行修订，持续改进产品与服务，企业的产品或服务才能更加优化，才能更具生命力，才能深得客户的喜爱，企业才能获得更大的效益。

5.8　主动参与其他标准化活动

首先，企业要主动参与国际、国内相关的标准化活动，包括参与标准制修订会议、研讨等，参与标准化相关的培训、论坛等，开展标准化研究，发表标准化论文，组织开展标准化知识竞赛等。其次，企业要积极申请加入相关领域标准化技术委员会，了解行业相关标准最新动态，根据标准新动态来研发新产品，提升竞争力。最后，有条件的企业可以申请成为相关领域标准化技术委员会秘书处，可以提出新的标准立项建议或联合其他相关企业共同制定产业链相关的标准，通过制定、实施标准，使企业立于不败之地。

总之，只有过硬的标准，才有过硬的质量，企业才更具市场竞争力。

参考文献

[1] 中共中央，国务院. 质量强国建设纲要［Z］.
[2] 中华人民共和国国家质量监督检验检疫总局，中国国家标准化管理委员会. 标准化工作指南 第1部分：标准化和相关活动的通用术语：GB/T 20000.1—2014［S］. 北京：中国标准出版社，2014.
[3] 江苏省市场监督管理局. 江苏省标准化试点示范项目管理办法：苏市监标［2019］235号［Z］.
[4] 鲁鹏，等. 专精特新企业标准化现状与成长路径探究［J］. 中国标准化，2022（13）：134-138.

作者简介：
陈磊，烟台市标准计量检验检测中心，硕士，正高级工程师，主要研究方向为标准化。
马蕊，山东标准化协会，大学，工程师，主要研究方向为标准化。
郎晓黎，烟台市莱山区市场监督管理局，大学学历，研究方向为市场监管政策研究。

标准化在粮油行业食品安全分级管控和风险辨识中的应用

申 锋　卢伟东　徐颖然　郭修海　李 超

[中粮黄海粮油工业（山东）有限公司]

摘　要　食品安全是关乎粮油行业生产经营的核心，本文以食品安全风险地图为基础，从食品安全分级管控的角度出发，阐述了食品安全风险辨识的方法及措施。通过对粮油行业食品安全风险管理的实践，我们可以清晰地判断出每个环节的质量和食品安全风险，并将其划分为不同的等级，采取分级管理的方式，将风险管控提前，建立一个网格化的标准管理机制，以有效防止食品质量安全事件的发生，保障消费者的健康。

关键词　标准化　食品安全　分级管控　风险辨识

1　引言

民以食为天，食品安全是每个家庭食品消费的基本要求，没有食品安全，一切等于零，其关乎老百姓的身体健康乃至生命安全，重要性不言而喻。作为食品企业，必须牢固树立以人民为中心的发展理念，把保障食品安全放在更加突出的位置，不断完善食品安全管控机制，切实提高食品安全管控水平和能力。近年来，随着食品安全管控措施的不断发展，食品安全风险辨识、分级管控和网格化管理等一系列标准化管控措施，逐渐被更多的企业所采纳。

2　实施背景

新形势下随着消费者对食品安全的日益关注和对产品质量的重视，政府监管力度的持续加大，质量与食品安全管理工作也面临新的挑战。为了持续提高企业各部门各环节的质量与食品安全风险管控能力和水平，并结合《企业落实食品安全主体责任监督管理规定》的标准要求，企业需要应用标准化的方法对各个环节的质量与食品安全进行风险评估，制定管控措施，并进行分级管控，建立网格化表格和风险地图，落实食品安全主体责任，提高员工对质量与食品安全风险的识别能力与防范意识，是质量与食品安全管理的创新举措。

3　标准化风险管理方法的推进和应用

3.1　质量、食品安全风险评估与分级管控

习近平总书记对食品安全非常重视，提出"四个最严"的要求，即用"最严谨的标准、最严格的监督、最严厉的处罚、最严肃的问责"确保人民群众舌尖上的安全[1]。所以，企业要高度重视质量与食品安全工作，依据《质量管理体系　要求》（GB/T 19001—2016）[1]、《食品安全管理体系　食品链中各类组织的要求》（ISO 22000—2018）和《危害分析与关键控制点（HACCP）体系及其应用指南》（GB/T 19538—2004）[2]的标准方法，针对各个环节的质量与食品安全风险点进行详细的梳理、排

查，开展风险辨识、评估分级，制定详细的管控措施，并进行分级管控，全面排查各作业点的质量与食品安全隐患，进一步明确所有产品以及生产过程中质量与食品安全风险点及等级，利用分级管理措施，将风险管控前移，最终形成预判性强、控制措施完善、操作性强、责任明确、可目视化的质量与食品安全风险管控措施。

3.2 成立领导小组

公司成立质量与食品安全小组，统一领导、协调"质量与食品安全分级管控"建设活动。各部门负责人组织本部门活动的开展，质量管理部门负责具体方案的组织、策划和监督实施，结合公司质量与食品安全管理现状，制定实施有针对性、可操作性强的推进措施。

3.3 活动内容和计划

3.3.1 宣传贯彻培训

质量管理部门用半个月左右的时间对《质量与食品安全分级管控标准与推进方案》进行宣传贯彻，编写质量与食品安全风险分级培训材料，分别组织公司级、部门级（车间级）培训，促使各食品安全督导员及员工熟练掌握"质量与食品安全风险分级管控"的推进方法。

公司级培训以各部门收到的具体时间为准，相关部门食品安全督导员必须参加，培训结束后对食品安全督导员进行考核，确保其熟练掌握活动推进流程、风险排查及分级方法等。

3.3.2 风险隐患排查与分级

3.3.2.1 风险隐患排查。培训结束后，各部门/车间梳理产品及生产工艺流程图，以车间为单元按照产品及生产工艺流程对质量与食品安全风险进行排查，确保风险排查全面、不遗漏。

1. 质量管理部门分别与生产部、物流部、采购部、业务部等部门一一对接，结合《质量管理体系要求》（GB/T 19001—2016）、《食品安全管理体系 食品链中各类组织的要求》（ISO 22000—2018）和《危害分析与关键控制点（HACCP）体系及其应用指南》（GB/T 19538—2004）对产品及过程风险进行排查、评估及制定控制措施，全面协助、推进各部门质量与食品安全风险排查工作，各部门食品安全督导员应组织员工充分参与讨论、排查风险。

2. 为将质量与食品安全风险点文件化、制度化、标准化管理，质量管理部门编制《质量与食品安全风险排查与分级管控清单》，组织、指导各岗位完成表单填写。

3.3.2.2 风险隐患分级。质量管理部门全程参与、跟踪相应车间的风险点评价分级。依据行业经验、产品特性、自身管控水平、LEC法等科学评价方法，综合分析各环节质量与食品安全风险发生的可能性和严重程度，做出最终的风险等级判断。

1. 风险等级共划分为三级：一级风险，可能造成食品安全事故，或恶劣社会影响；二级风险，可能造成质量安全隐患；三级风险，可产生次品及其他问题；分别用"红、橙、蓝"三种颜色分别标识，实施分级管控，一级为最高管控级别。具体分类如下：

一级风险：

（1）农药残留、重金属、溶剂残留、苯并[a]芘、黄曲霉毒素 B_1、塑化剂超标；

（2）脂肪酸组成不符合产品标准要求；

（3）食品添加剂使用超范围、超限量；

（4）人为蓄意破坏和恶意投毒；

（5）转基因原料及产品管理不合规；

（6）标签标识不合规；

（7）媒体危机或产品危机处理不当导致品牌负面影响；

（8）管道、设备串油；

(9) 其他不符合相关法律规定的情况。

二级风险：

(1) 异物引入的风险；

(2) 原料霉变粒、农残、油脂酸价、过氧化值、水分、色泽、残皂、豆粕蛋白等指标不合格的质量风险；

(3) 玉米赤霉烯酮、氯丙醇酯及伏马毒素等风险监测指标异常；

(4) 产品净含量不合规；

(5) 食品接触用塑料材料卫生指标超标，直接接触产品的包装物受到污染；

(6) 其他可能造成质量安全隐患的情况。

三级风险：

(1) 产品外包装卫生与质量问题：如漏油，纸箱屑或卫生状况，标签脱落或翘起，生产日期喷印问题，提手断裂等，尤其批次问题；

(2) 生产过程其他因操作不当可能引起的产品质量问题；

(3) 其他可产生次品及其他问题的情况。

2. 各部门/车间完成"质量与食品安全风险排查与分级管控清单"填写，经部门负责人批准后提交质量管理部门相应管理板块归档。

3.3.3 风险可视化

公司根据各部门排查出的风险点，设置质量与食品安全风险告知栏，明确风险因素、风险等级、预防控制措施、责任人等内容。

3.3.4 持续运行

各部门/各车间每年对"质量与食品安全风险排查与分级管控清单"至少组织一次全员培训，确保每位员工熟悉本岗位的质量与食品安全风险点、风险等级及管控措施。

公司每年至少开展一次"质量与食品安全风险分级管控"大检查，针对各岗位发现的问题以及新工艺、新流程、新设备发生较大变化时，重新进行风险排查、分级评估，持续改进，形成PDCA循环。

4 质量与食品安全网格化管理

为进一步规范公司质量与食品安全风险管理，通过排查、系统分析识别各环节的质量与食品安全风险点，明确风险等级，利用分级管理措施，将风险管控前移，建立标准化质量与食品安全网格化管理机制，从而有效预防食品质量安全事故，保障食品质量安全。

4.1 建立网格化管理表格

依据区域位置、风险环节、风险描述、风险等级、主要控制措施、监控人员、主要管理部门和次要管理部门等内容建立质量与安全网格化管理表和质量与安全网格化管理风险等级表，见表1和表2。

表1 质量与食品安全网格化管理表

区域位置	风险环节	风险描述	风险等级	主要控制措施	监控人员	主要管理部门	次要管理部门
原、辅料采购	供应商管理	供应商资质不合规	I	新供应商进行资质审核，对合格供应商进行资质的动态管理，和供应商签订质量承诺书，索要相关资质证明	采购员/化验员	质量	采购

续表

区域位置	风险环节	风险描述	风险等级	主要控制措施	监控人员	主要管理部门	次要管理部门
物流	发卸工具	1. 发卸工具不按要求使用，塑化剂、异物污染； 2. 发卸工具被灰尘等异物污染，装油过程中异物污染引入	Ⅱ	1. 规范工具使用范围，对涉及塑化剂风险工具进行评估； 2. 发油结束后将发油管口的鹤管封住，定期清理	操作员/主管	物流	质量
生产	喷码	喷码信息错误、不清晰，喷码位置不合规、漏喷	Ⅲ	1. 建立设备操作规程，每日进行设备运行点检，并对设备进行维护保养； 2. 加强现场管控，定期对现场进行巡检	操作员/化验员	生产	质量
……	……	……	……	……	……	……	……

表2 质量与食品安全网格化管理风险等级表

一般风险区Ⅰ级	采购……
显著风险区Ⅱ级	物流发货……
高度风险区Ⅲ级	生产喷码……

4.2 质量与食品安全风险管理网格化地图

在前述质量与食品安全网格化管理表和管理风险等级表的基础上，结合《质量管理体系 要求》（GB/T 19001—2016）、《食品安全管理体系 食品链中各类组织的要求》（ISO 22000—2018）、《危害分析与关键控制点（HACCP）体系及其应用指南》（GB/T 19538—2004）和风险等级，将公司各部门与质量食品安全风险区对应，不同等级以不同颜色标识，建立公司质量与食品安全风险管理网格化地图。

5 管理方法的实施效果

通过各部门加强组织领导，进一步提高了全员的质量与食品安全意识，围绕活动目标，广大员工积极参与，对质量与食品安全风险点进行全面排查，制定了科学的分级管控措施，实现了"预防为主、防治结合、分级管控"的质量与食品安全管理目标，进一步提高了公司质量与食品安全风险管控水平。

质量对于企业的生存和发展至关重要，是拓展市场的生命线；食品安全更是关乎企业的品牌形象，如果出现了食品安全问题，可能毁掉的是一个品牌，乃至一个企业。企业各级管理人员要严格落实食品安全管理要求，进一步强化以质量促发展的理念，牢固树立"红线"意识和"底线"思维，筑牢食品安全防线。

质量管理部门作为质量与食品安全风险分级管控的牵头部门，通过加强与其他各部门的协同配合，服务指导，确保质量与食品安全风险评估和分级管控的推进效果。同时，各部门积极部署动员一线班组长、员工积极参与到活动中来，把真正存在的风险识别出来，并制定相应的预防和控制措施，消除风险。在各部门的通力合作下，此项工作进一步做实、做细，做出成效。

后续企业各部门、各岗位要进一步提高对质量与食品安全工作的认识，强化质量与食品安全管理，落实主体责任，对于存在的质量与食品安全问题，查清原因、绝不隐瞒，面对新工艺、新问题有新举措，同时继续创新质量与食品安全管控模式。食品安全工作不是靠几次活动、几个人就能搞好的，需要的是全员参与、坚持不懈。质量与食品安全风险评估及分级管控工作只是质量管理创新的开始，通过质量、食品安全分级管控与网格化管理标准化，营造人人关心质量与食品安全，重视质量与食品安全的良好氛围，提高广大员工的食品安全管理能力，用实干和担当为公司的高质量发展提供强有力的质量保障，同时为消费者提供营养、健康、安全的食品，履行应尽的社会责任。

参考文献

[1] 中华人民共和国国家质量监督检验检疫总局，中国国家标准化管理委员会. 质量管理体系 要求：GB/T 19001—2016 [S]. 北京：中国标准出版社，2016.

[2] 中华人民共和国国家质量监督检验检疫总局，中国国家标准化管理委员会. 危害分析与关键控制点（HACCP）体系及其应用指南：GB/T 19538—2004 [S]. 北京：中国标准出版社，2004.

作者简介：

申锋，男，1983年出生，本科，高级工程师，研究方向为体系与食品安全管理。

卢伟东，男，1981年出生，本科，助理工程师，研究方向为油料油脂研究与开发。

徐颖然，男，1988年出生，本科，助理工程师，研究方向为食品质量与安全管理。

郭修海，男，1984年出生，专科，助理工程师，研究方向为粮油质量管理及包装油食品安全管控。

李超，男，1987年出生，本科，助理工程师，研究方向为包装油管控。

浅析净含量智能化管控技术在包装油生产中的应用

——以中粮黄海包装厂为例

卢伟东　郭修海　李　超　申　锋　王永胜

[中粮黄海粮油工业（山东）有限公司]

摘　要　在包装油生产过程中，净含量精准管控关系到产品的合规及经济效益，经实践验证，在生产线灌装机后段，安装自动检重秤，根据实际生产速率自动进行瓶与瓶间的间距，便于数据自动收集，并配置关联的电气控制系统和液晶显示屏幕，制定程序将数据进行收集传递至显示屏幕，实现灌装油品的在线动态称重、数据储存、分析及预警等功能，对不合格品分梯度设置报警、剔除，生产技术人员实时获取每一个灌装头的灌装精度变化情况，并及时调整灌装数量，利用大数据指导车间精准控制灌装净含量，实现机器代人，在确保合规的前提下，精准控制油品损耗。

关键词　自动称重　净含量　数据分析　合规　油品损耗

1　引言

包装油行业部分生产企业使用的是重力式灌装机，灌装精度相对于行业先进设备存在一定差距，净含量的控制方式依靠人工称重进行流量调整，并采用人工抽检方式，不能实现瓶瓶自动称重，日常未有效保证净含量合规，导致实际灌装量高出标准值，造成油品损耗偏高。

随着科技和经济的发展，自动化技术得到了较为快速的发展，自动化监控设备在各个行业的应用变得越来越多。自动检重设备，属于动态高精度在线称重自动化生产设备，它应用于企业的生产线上，可以对生产线上的产品进行逐个称重，并将欠重、超重的不合格产品进行剔除，防止不合格产品流入市场，提升企业在市场上的竞争力。

本文介绍了自动检重秤及数据分析系统在包装油净含量管控的开发、推广和应用，实现机器代人，在确保净含量合规的前提下，精准控制油品损耗。

2　净含量自动称量及数据分析系统

2.1　设备及系统简介

在生产线灌装机后段，安装1台梅特勒-托利多自动检重秤，配置关联的电气控制系统和液晶显示屏幕，设置好程序将数据进行收集传递至显示屏幕，时时关注每桶油的质量数据见图1；实现灌装油品的在线动态称重、数据储存、分析及预警等功能，对不合格品分梯度设置报警、剔除，生产技术人员实时获取每一个灌装头的灌装精度变化情况，并及时调整灌装数量，利用大数据指导车间精准控制灌装净含量。

整个系统包括自动检重秤称量和数据管理与分析系统见图2。

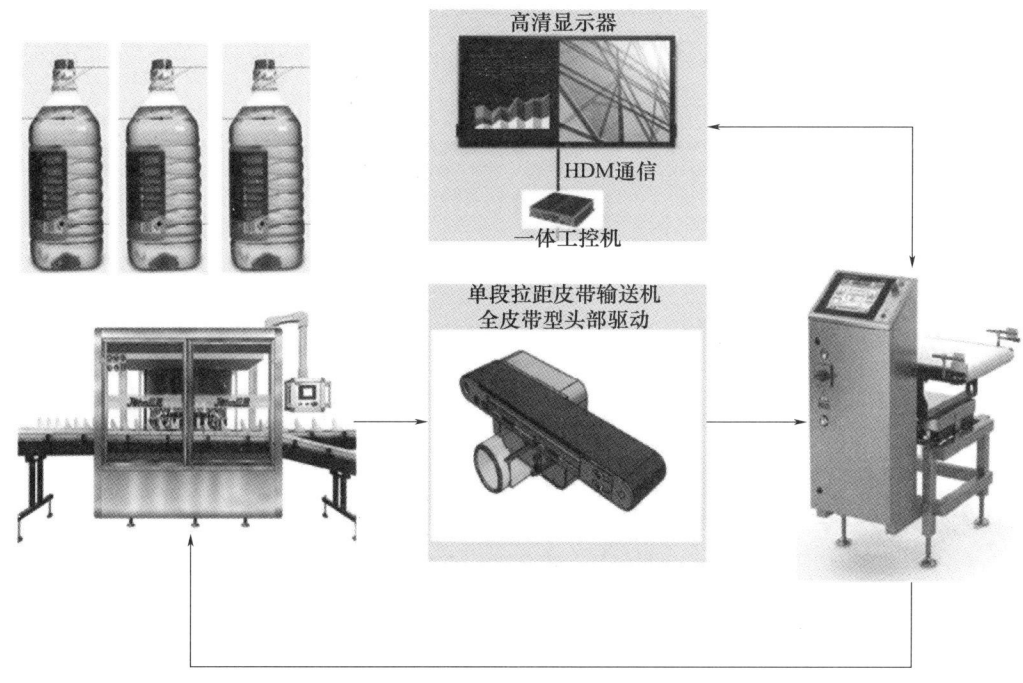

图 1　净含量自动称量及数据分析系统方案示意

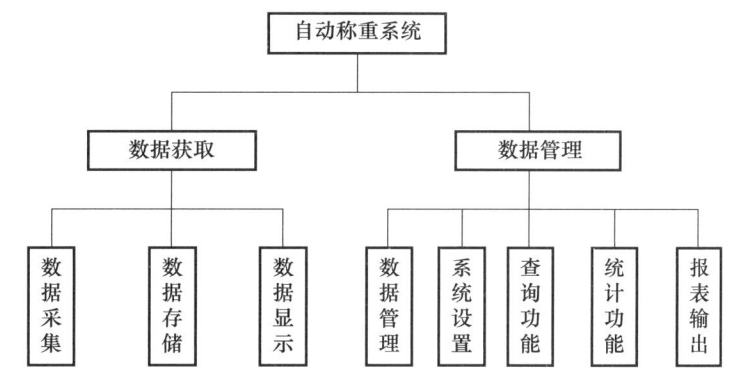

图 2　自动称重系统

2.2　设备实现功能及技术参数

2.2.1　梅特勒 Garvens 自动检重秤 C23 型技术参数

梅特勒 Garvens 自动检重秤 C23 型技术参数见表 1。

表 1　梅特勒 Garvens 自动检重秤 C23 型技术参数

最大载荷	30000g
分辨率	$e=1g$
精度	±3g
量程	0～30kg
分类	3 个质量区域
传感器	电磁力补偿传感器，数字信号，免维护，性能稳定，温度影响很小
使用环境	为确保达到最好的精度，检重秤的安装地点应避免震动及空气的流动

单机瞬时产能达到≥800桶/min，设备主机配置高速驱动，方便称重数据储存和自动分析，电磁力补偿传感器控制精度≤3g，能实现每个独立灌装头的灌装操作，根据需要采取优化灌装头的修正措施。可以通过大屏幕实时观测一目了然，减少人工抽查的时间及抽查前产品复查的时间，提高设备综合效率（OEE）。

2.2.2 人机界面和数据分析系统液晶显示

人机界面触摸屏：使用高分辨率触摸屏方便快速访问菜单、及时调整参数，界面显示当前油品质量。

液晶大屏主要显示：该软件选项能记录一段时间内的每个产品质量，并将质量值关联到相应的灌装头。显示以下数据：动态检测净含量数据，9个灌装头的净含量曲线图、平均质量值、目标质量、标准偏差，如图3所示。

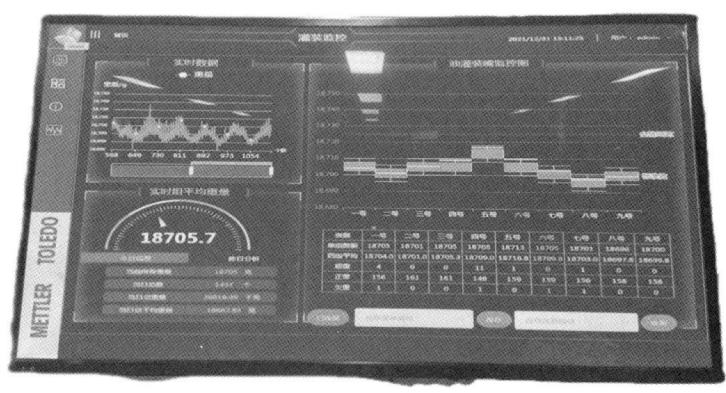

图3 灌装监控液晶显示画面

2.2.3 灌装头检测

该软件选项记录一段时间内的各个产品质量，并将每个质量值关联到相应的灌装头，显示以下数据：平均质量值、目标质量、标准偏差。

可以获取每个灌装头性能的统计信息。其中超过所定义限制的质量值突出显示为其他颜色。该信息可使操作人员对需要校正的灌装机头进行单独调节。

效果：监控每个灌装头性能，以便根据需要采取优化灌装头的调整措施。减少由于灌装不足或过度灌装造成的剔除。

2.2.4 平均值趋势监控

根据数值的上限或下限计算平均值并发出信号，当平均值达到预先设置的上下限时，会发出一个24V输出信号PFC；当平均值处于预设质量分区"良好"范围内，将停止发送信号，该平均值显示在屏幕上，针对灌装过程中的偏差趋势提前做出反应，让产品净含量一致。

2.2.5 不合格品报警、剔除

净含量数值达到用户设置的限值之后，自动检重秤按照指定的内容作出反应，立即发出报警通知，避免不合格品混入成品。

2.2.6 统计与报告

通过视觉分析工具促进称重数据的评估，并借助视觉分析工具来监控生产趋势。

2.3 使用验证

对采集的数据进行大数据自动统计分析，将其关联至每一个灌装头，及时调整实际灌装量，将包装线的油品损耗精准控制至目标值，实现了灌装质量的精准监控。

净含量自动称量及数据分析系统应用于2号生产线后,对应用前后每日平均质量统计,进行100天数据跟踪对比,如图4所示,平均质量高出净含量标准7g,较自动检重称未使用前的13g,灌装损耗降低6g/瓶,损耗下降46%,灌装损耗已由0.074%降至0.056%,在食品安全合规性得到有效保障的前提下,根据生产量统计,年产生效益约为20多万元。

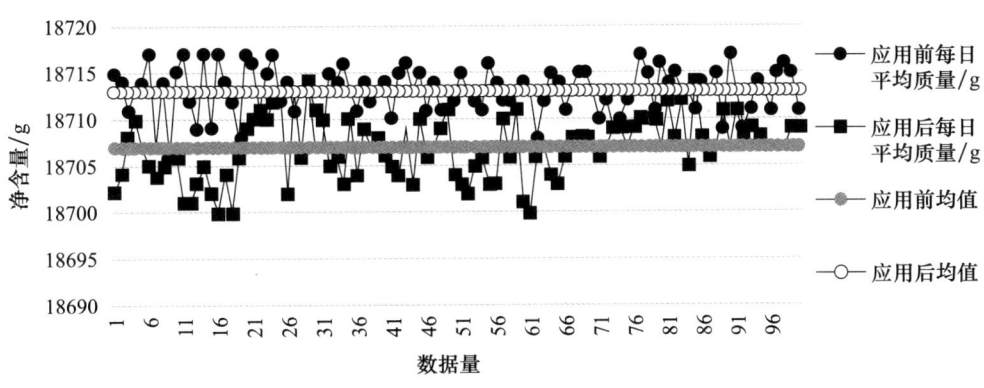

图4 应用前后每日平均质量对比

3 效益及推广价值

该项目属行业质量技术领域首推,行业目前该环节的管控仍然依靠人工调整,每条生产线需要2~3人,劳动强度大,且操作精准度、时效性都存在一定差距。该自动称重方式的创新,填补了行业空白,大大解放劳动力,利用现代技术及数据分析,有效实现净含量的自动称重、分析、异常警示提醒,实现了灌装质量的精准监控。通过机器代人,将每瓶的实际灌装损耗降低46%。在食品安全合规性得到有效保障的前提下,根据生产量统计,年可产生效益20余万元。

通过该成果的有效实施,显著提升了企业自主研发、科技创新能力,对促进粮油行业的食品安全、高效生产、信息化、智能化发展、提高经济和社会效益具有重大意义。以此作为技术创新引领,不断探索新技术、新方法、新突破,以提质增效夯实发展基础,积极推广"四化"建设,助推高质量发展,行稳致远。

作者简介:

卢伟东,男,1981年出生,本科,助理工程师,研究方向为油料油脂研究与开发。
郭修海,男,1984年出生,专科,助理工程师,研究方向为粮油质量管理及包装油食品安全管控。
李超,男,1987年出生,本科,助理工程师,研究方向为包装油管控。
申锋,男,1983年出生,本科,高级工程师,研究方向为体系与食品安全管理。
王永胜,男,1984年出生,专科,中级检验员,研究方向为豆粕、油脂质量管控。

生态纺织品检测问题及对策

李 慧　徐蕾蕾　狄 敏

(淄博市纤维纺织质量监测研究院)

摘　要　随着生态纺织品的需求不断增加,生态纺织品的测试和认证备受关注。本文总结分析了生态纺织品相关的检测技术与常见问题,并对生态纺织品质量提升提出了相关对策建议。以期对生产企业、消费者提供一定的指导帮助,有利于实现生态纺织品的质量保障和可持续发展。

关键词　生态纺织品　检测　问题对策

　　生态纺织品是指在纺织品制作过程中遵循环保、健康和可持续性的理念,采用环保材料和工艺生产出来的纺织品。生态纺织品更加环保和健康,消费者可以看见环保标志,纯棉标志以及其他认证标志,表明该纺织品是经过严格审核合格的,能够确保产品质量与安全。随着人们对环境保护和健康的重视,生态纺织品的需求不断增加。因此,对于生态纺织品的测试和认证已经成为了一个备受关注的话题。

　　目前生态纺织品检测技术还不够成熟,对某些物质的检测尚无解决方案,不能做到全方位的检测。因涉及多项检测项目,所以检测成本较高,导致一些企业难以承担。生态纺织品检测是为了确保生态纺织品的质量和安全性而设置的常见的检测项目包括纺织品的化学成分、可降解性、防护性能等方面的指标。目前,国内外已有多种生态标志用于生态纺织品的认证,通过这些认证标准的推广,可以促进生态纺织品市场的发展,满足消费者对于环保、健康、可持续性的需求。

1　常用的生态纺织品检测技术

1.1　色谱分析

　　色谱分析是常用于生态纺织品检测的一种技术,主要用于检测纺织品中的化学残留物和掺加的非法添加物。通过色谱仪可以对纺织品中的有机物进行分离分析和定量,也可以对材料中的危险物质进行检测。色谱分析技术基于样品分离原理,主要包括气相色谱,液相色谱和毛细管电泳等。其中,气相色谱可以针对纤维中的挥发性成分进行检测,液相色谱则主要用于检测非挥发性物质。

1.2　原子光谱分析技术

　　原子光谱分析技术是一种在生态纺织品检测中广泛使用的分析技术,其原理是利用光谱分析原子在不同能级的能量差,并测量其在特定波长下的吸收或发射光谱来定量分析样品中的化学成分。利用原子光谱分析技术进行生态纺织品检测,可以有效地检测出样品中的有害元素和非法添加物。例如,某些生态纺织品生产过程中可能会添加含有铅和镉的染料,导致纤维中存在超标的重金属,而这些重金属又与人体健康密切相关[1]。

1.3　分子光谱技术

　　分子光谱技术是一种在生态纺织品检测中常用的分析技术,其原理是利用分子在不同波长下的能量转移和振动吸收，从而测量特定波长下的吸收或发射光谱来定量分析样品中的化学成分。分子光谱技术可以检测出包括挥发性有机物、残留药物、塑化剂、染料等有机物质在内的多种成分，具有快速、非破坏性、灵敏度高、准确性好等优点。生态纺织品的生产过程中可能会存在残留的农药和合成染色剂等物质，而这些物质往往具有毒性和致癌性，对人体健康有直接影响。

2 生态纺织品检测问题分析

2.1 未建立较为完善的生态纺织品检测制度

检测设备和技术不足：由于生态纺织品的特殊性，检测需要使用专业的仪器设备和技术手段。然而，目前国内很多检测机构并没有足够的资金和技术水平来采购和应用这些设备和技术，导致了检测结果的准确性和可靠性不足。

生产企业意识淡薄：由于目前消费者对于生态纺织品的认知程度较低，很多企业在生产过程中往往忽视环保因素，且存在生产大量"绿色环保包装"却只是徒有绿色标签的现象。这使得对于生态纺织品检测制度的需求弱化，进而缺乏必要的资金和技术投入。

缺乏有效的监管措施：生态纺织品市场监管力度相对较弱，检测不合格产品的处罚措施也不明确。导致一些企业为了追求利润往往不遵守环保规定，缺乏对生态纺织品质量的监管。

2.2 检测技术滞后

技术研发不足：生态纺织品检测技术的研发需要投入大量的人力、物力和财力，目前可能还没有足够的研发资源用于该领域的技术创新和改进。

标准体系不完善：生态纺织品检测需要一套完善的标准体系作为依据，但目前可能还没有建立起完善的标准体系，导致检测方法和标准不够统一和规范。

设备条件限制：生态纺织品检测需要使用到先进的检测设备和仪器，但是在一些地方可能由于设备的更新或还未更新设备，导致无法进行高效和准确的检测。

人才培养不足：生态纺织品检测需要专业的技术人才，包括检测员和实验室人员等。目前可能还没有足够数量和高水平的专业人才，导致技术的发展和提升受限。

资金支持不足：生态纺织品检测的研究和实施需要大量的资金支持，可能在一些地方对于这方面的研发投入不足，导致技术滞后。

3 生态纺织品提升对策

3.1 增强生态意识

通过将更为先进的生态纺织品检测技术和标准向社会普及，让人们更了解和认识生态纺织品的重要性及其生态意义。检测技术的提升可以有效降低损坏率和保证产品质量，规范行业标准有利于提高大众对生态纺织品的信任度，从而增强对生态纺织品的需求。通过不断优化生态纺织品检测技术的体系和标准，可以最大限度地降低各类污染物的产生量。

3.2 完善控制制度

建立在线化、信息化的监管平台，全面监测生态纺织品企业的生产，运营情况。建立生态纺织品相关的国家标准和行业规范，明确产品质量要求和安全标准。针对生态纺织品行业中的各类经营管理问题，采取严格的市场准入制度，鼓励规范经营和发展质量达标的企业。完善现有的生态纺织品检测机制,并加大检测力度,对违规企业进行惩罚。通过建立生态纺织品企业的信用体系,逐步推进消费观念转变[2]。

3.3 明确生态纺织品检测的主要内容

1. 纺织品原料检测:加强对纺织品原材料的溯源管理,确保原料的来源真实可靠。建立一套完善的原材料检测标准体系,包括对有害物质的限制和检测要求。完善原材料供应商评估机制,选择合规的供应商,确保原材料的质量和安全性。

2. 染色和印花材料检测:确保使用的染料和印花材料符合"环境友好"的要求,如采用低污染、低毒性的染料和颜料。开展染色和印花工艺的检测和评估,确保在工艺过程中没有污染物的泄漏和排放。建立染料和印花材料的检测标准,确保产品色牢度和安全性。

3. 加工助剂检测:严格控制和管理加工助剂的使用,尽量采用环保和安全性好的助剂,并避免使用含有有害物质的助剂。完善对加工助剂的检测要求和标准,包括对甲醛、苯等有害物质的限制。对加工助剂的使用进行全面检测,并及时调整和更新相关技术和工艺,以提高产品的环保性和健康性。

3.4 规范与完善生态纺织品检测流程

1. 规范制定与修订:建立专门的标准制定机构,由相关领域的专家组成,负责编制和修订生态纺织品检测规范。参考国际标准、行业标准和地区的相关标准、规范,结合国内实际情况,制定适用的生态纺织品检测规范。定期评估和更新规范,跟踪科技发展和环境要求的变化,确保规范的时效性和科学性。

2. 完善生态纺织品检测流程:确定生态纺织品检测的流程和步骤,明确各项检测指标和要求。制定详细的样品采集方法和样品处理步骤,保证样品的代表性和可比性。采用先进的仪器设备和检测方法,提高检测的准确性和可靠性。建立标准的检测报告格式,清晰记录检测结果,确保结果的准确性和可追溯性。

3. 提高检测资源和能力:加强生态纺织品检测实验室的建设和管理,投资购置先进设备,提高检测能力。培养和引进专业的检测人员,提供必要的培训和学习机会,提高检测人员的技术水平。加强与国内外检测机构和实验室的合作与交流,共享资源和技术,提高整体检测水平。

4. 强化监督和管理:建立健全的生态纺织品检测机制,包括抽查、监测和评估等环节,及时发现和解决检测中存在的问题。完善生态纺织品标识认证体系,推行第三方检测和认证,增加产品的可信度和市场竞争力。制定相关法律法规和政策措施,加强对生态纺织品市场的监管和管理,打击虚假宣传和不合格产品的流通[3]。

随着人们对生态纺织品的要求越来越高,严格的检测机制和标准体系成为了生态纺织品品质保证的关键。在生态纺织品检测领域中,我们需要不断总结经验,加强信息共享和交流,在保证检测质量的前提下,不断提升检测的效率和性价比,进一步提升生态纺织品检测水平,促进生态环境和人类健康的可持续发展。最后,让我们携手共同努力,不断推动生态纺织品行业的可持续发展,创造更美好的生态环境。

参考文献

[1] 范逸峰,汤辉,茅晓红,等. 生态纺织品检测问题及对策 [J]. 纺织报告,2021,40(9):21-22.
[2] 曲容锐. 生态纺织品检测问题及对策 [J]. 化纤与纺织技术,2021,(50)1:59-60.
[3] 韩业晶. 生态纺织品检测问题及对策分析 [J]. 化纤与纺织技术,2021,(50)9:66-67.

作者简介:

李慧,大学本科学历,助理工程师,目前工作于淄博市纤维纺织质量监测研究院,主要从事纤维纺织品检验检测、认证咨询、技术服务等工作。

徐蕾蕾，大学本科学历，助理工程师，目前工作于淄博市纤维纺织质量监测研究院，主要从事纤维纺织品检验检测、认证咨询、技术服务等工作。

狄敏，大学本科学历，助理工程师，目前工作于淄博市纤维纺织质量监测研究，主要从事纤维纺织品类绿色低碳认证、检测标准及技术研究工作。